edition unseld 21

Die gegenwärtige Debatte um die Hirnforschung und ihre Folgen für unser Menschenbild, für Gesetzgebung, Rechtsprechung, Erziehungsstile und Geschichtsverständnis spielt sich in einer wenig reflektierten Sprache ab. Von neurophysiologischen Termini bis zur populärphilosophischen Rede über Kognition, Willensfreiheit und Selbstbewußtsein, von der wissenschaftstheoretischen Diskussion über Erfahrung, Experiment, Beweisen und Widerlegen bis zu weltanschaulichen Anrufungen von Werten reicht die Bandbreite sprachlicher Mittel. Polemische Schärfe und begriffliche Oberflächlichkeit sind die komplementären Züge eines Aufeinandereinredens und Aneinandervorbeiredens, denen philosophisch mit Sprachkritik zu begegnen ist. Zwar sind die diskutierten Fragen sicher keine reinen Sprachprobleme. Aber ohne Klärung der sprachlichen Verhältnisse sind sie gar nicht zu klären. Dies gilt nicht nur für die öffentlichen Diskurse über sogenannte Körper-Geist- oder Leib-Seele-Probleme, sondern auch für Ansprüche und Ergebnisse der Fach-, im besonderen der Neurowissenschaft. Sie rühren in klärungsbedürftiger Weise an unser traditionelles Menschenbild ebenso wie an unser Wissenschaftsverständnis.
Peter Janich analysiert die Verwendung einiger der häufigsten, bisher kaum zureichend definierten Begriffe auf sprachtheoretische Fallen hin. Ferner werden »naturalistische« Ansätze der Neurowissenschaft untersucht und auf dem Hintergrund einer kulturalistischen Theorie gedeutet. Denn eine Wissenschaft, die das Subjekt, als das sie selbst agiert, zugleich leugnet, gerät in einen grundsätzlichen Widerspruch.

Peter Janich, geboren 1942, ist Professor emeritus für Philosophie an der Universität Marburg. Im Suhrkamp Verlag erschienen u. a. *Kultur und Methode* (2005), *Was ist Information?* (2006).

Kein neues Menschenbild
Zur Sprache der Hirnforschung

Peter Janich

Suhrkamp

Die *edition unseld* wird unterstützt durch eine Partnerschaft mit dem Nachrichtenportal *Spiegel Online.* www.spiegel.de

edition unseld 21
Erste Auflage 2009

Originalausgabe

Satz: Jouve Germany, Kriftel
Druck: Druckhaus Nomos, Sinzheim
Umschlaggestaltung: Nina Vöge und Alexander Stublić
Printed in Germany
ISBN 978-3-518-26021-0

1 2 3 4 5 6 – 14 13 12 11 10 09

Kein neues Menschenbild

Inhaltsverzeichnis

1 Einleitung: Das sprachkritische Programm

Eine Diskussion der Neurowissenschaften, die ihre engen naturwissenschaftlichen Fachgrenzen verläßt, findet vielerorts, insbesondere auch im englischen Sprachraum, statt. Doch die deutschsprachige Debatte zur »Hirnforschung« weist einige Besonderheiten auf:

– Sie betrifft keine naturwissenschaftlichen Forschungen im eigentlichen Sinne: Weder neuroanatomische noch neurophysiologische, weder biochemische noch evolutionstheoretische Befunde werden diskutiert oder gar bezweifelt, sondern der Fachkompetenz der Experten überlassen.
– Wo die Debatte die Labors der Fachinstitute verläßt, betrifft sie Ansprüche, Deutungen und Konsequenzen der Hirnforschung. Medium der Debatte ist eine Sprache, die weder an naturwissenschaftlichen noch an anderen Fachsprachen orientiert ist: Weder das »Manifest« elf führender Neurowissenschaftler (2004) noch auflagenstarke Taschenbücher, weder renommierte Popularisierungsmagazine der Wissenschaften noch zahlreiche Artikel in führenden Tages- und Wochenzeitungen sprechen eine Fachsprache. Sie bedienen sich im wesentlichen der gehobenen Alltagssprache.
– In einem Aufeinander-Einreden und Aneinander-Vorbeireden wird der in deutscher Sprache besonders gepflegte Gegensatz von Natur- und Geisteswissenschaften wiederbelebt und zu einem Grundsatzstreit der Welt- und Menschenbilder stilisiert.

Unter diesen Umständen ist es nicht überraschend, daß diese Debatte keine erkennbaren Fortschritte macht. Innerhalb der beteiligten Parteien mögen Klärungsgewinne zu verzeichnen sein; aber Überwindungen oder gar Lösungen der Meinungskonflikte zeigen sich nicht einmal dort, wo gelegentlich Naturwissenschaftler mit Philosophen kooperieren. Der wohl wichtigste Grund für diese Entwicklung liegt in einem Sprachproblem, genauer in einer Vernachlässigung der Sprachlichkeit der ganzen Debatte. Die begriffliche Nachlässigkeit, mit der die Kernpunkte des Konflikts verhandelt werden, hat ihren Grund in Überzeugungen, die aus bestimmten Sprachphilosophien stammen. Sie laufen darauf hinaus, Klärungen der sprachlichen Mittel für unerheblich, für unmöglich oder gar für nicht wünschenswert zu halten.

Dieser Situation soll durch eine *Sprachkritik* begegnet werden, die auf sprachliche Mißverständnisse und ihre Gründe aufmerksam macht, begriffliche Verbesserungsvorschläge unterbreitet und eine Versachlichung der Debatte erreichen möchte. »Kritik« ist hier nicht im Sinne der Alltagssprache als Ablehnung oder Mäkelei gemeint, sondern im philosophischen, auf das griechische Verbum *krinein* (»unterscheiden, beurteilen«) zurückgehenden Verständnis. Die drei berühmten Kritiken Kants waren ja auch keine Ablehnungsschriften, sondern begriffliche Klärungsunternehmen. Sprachkritik ist die wichtigste Aufgabe, die die theoretische Philosophie heute übernehmen kann.

Die Probleme der Hirnforschung sind mit Sicherheit weder ausschließlich noch reine Sprachprobleme. Aber um welche Art von Problemen es dabei geht, läßt sich nur nach Behebung sprachlicher Unklarheiten überhaupt feststellen. Mehr noch, es mangelt der gesamten Debatte an Aufmerksamkeit dafür, daß alle Probleme erst einmal sprachlich formuliert sein müssen, um bearbeitet und gelöst werden zu können; und dabei gibt es viele Freiheitsgrade in den begrifflichen Mitteln.

Ein untrüglicher Indikator für diese folgenreiche Lässigkeit ist die Verwendung des Wortes »biologisch«, und zwar bis zur Nennung eines Gegenbeispiels bei allen Autoren der Debatte zur Hirnforschung: »Biologisch« ist das Adjektiv zu »Biologie«, das heißt zu einer *»Lehre«* oder *»Wissenschaft«* vom Lebendigen. Bis in die undisziplinierte Alltagssprache hinein sind wir aber gewohnt, den Unterschied zwischen einem Gegenstand und der Wissenschaft von diesem Gegenstand zu verwischen. Wir sagen »soziologisch«, wenn wir »sozial« meinen, und wir sagen »psychologisch«, wenn wir »psychisch« meinen. Zur Erläuterung: Armut ist ein soziales Problem; ob die Armut vom Bildungsstand abhängt, ist ein soziologisches Problem. Wer Angst hat, hat ein psychisches Problem; wer einen Fachausdruck »Angst« definieren will, hat ein psychologisches Problem. Pyramiden sind archaische Gebäude, und ihre Erforscher sind Archäologen.

Es ist bis in die Werbesprache hinein schick geworden, etwas mit dem Anhängsel »-logisch« oder »-theoretisch« aufzupolieren, von der Technologie, wo man Technik meint, bis zu systemtheoretisch, wo man systematisch meint. Und die Formulierungskochkunst beschert uns einen »Dialog von Flußkrebs und Hechtklößchen« im Zeitungsbericht von einem Regierungsessen: Die simplen Verhältnisse werden wie sprachliche benannt und damit zugleich aus der Verantwortung von Sprechern entlassen.

Denn darin liegt das Übel dieser Mode: Wer zum Beispiel von »der biologischen Evolution« spricht und dabei ein Naturgeschehen, nicht aber die Geschichte des Universitätsfaches Biologie meint, wer also richtig »biotische Evolution« sagen sollte, verkennt naiv die Evolutionsbiologie als Wissenschaft, ihre Geschichte, ihre Kontroversen, ihre begrifflichen Unklarheiten und ihre offenen empirischen Fragen. Er suggeriert zugleich mit dem kleinen Zusatz »-logisch« eine nicht bestehende Einheitlichkeit und Gültigkeit der wissenschaftlichen Bemühung Evolutionsbiologie, indem er unterstellt, seine, also des Autors, Rede liege bezüglich Bedeutung und Geltung jenseits allen Zweifels, ja, sei ein Stück Natur höchstpersönlich.

Ein zweites, untrügliches Indiz für die genannte folgenreiche Lässigkeit ist der heimliche Biologengruß: »Der Biologe braucht die Theorie der Philosophen für seine Forschung so dringend wie der Vogel die Theorie des Aerodynamikers zum Fliegen.« Sicher ist doch: Der Vogelflug ist ein nichtsprachlicher Naturgegenstand, zu dem es eine von Menschen betriebene Wissenschaft gibt; und diese hat vielleicht noch Schwächen, wenn sie etwa für Insekten wie die Hummel beweist, daß diese energetisch gar nicht fliegen können. Aber Forschung ohne Sprache? Gar eine Fachwissenschaft ohne Sprache, ohne Fachterminologie, Theoriebildung, Definitionen, Prinzipien, Hypothesen, ohne sprachliche Kommunikation unter Forschern, unter Lehrern und Schülern? Man wird also wohl die Freunde des Biologengrußes getrost für naive Denkverweigerer halten dürfen.

Sprachvergessenheit ist zum Kennzeichen der Naturwissenschaften geworden. Aber es konnte und kann sich nichts daran ändern, daß Wissenschaften nach wie vor im Medium der Sprache stattfinden und daß Anerkennungserwartungen sich immer und ausschließlich nur auf Gegenstände richten können, die erst einmal sprachlich präsentiert werden müssen.

Sprache als Werkzeug der Wissenschaften läßt sich in einer Hinsicht mit der Rolle der Mathematik in der Astronomie vergleichen: Rechenfehler machen jede wissenschaftliche Astronomie zunichte. Das führt aber nicht dazu, daß die Astronomie bei

Einsatz brauchbarer mathematischer Mittel nun selbst zu einer Teildisziplin der Mathematik würde. Sie bleibt eine auf Beobachtung und Messung beruhende Erfahrungswissenschaft.

Entsprechend gilt für die Hirnforschung, daß die Klärung einschlägiger Sprachmittel keine empirischen Fragen beantworten, keine Experimente ersetzen und keine Hypothesen zu Fakten machen kann. Aber welche Fragen empirisch sind, kann nicht selbst empirisch entschieden werden. Ob ein Laborverfahren ein Experiment ist, also empirische Resultate hat oder nicht, kann nicht durch ein weiteres Experiment geklärt werden. Ob eine Hypothese eine natürliche oder eine kultürliche Tatsache betrifft, ist nicht naturwissenschaftlich entscheidbar. Welche Äußerungen von Hirnforschern programmatisch und welche Tatsachenbehauptungen sind, welche primär definitorischen und welche nachträglich interpretierenden Charakter haben, wird nicht mit Laborverfahren entschieden.

Hier hilft nur eine philosophische Sprachkritik. Diese darf aber nicht an einer Sprachphilosophie scheitern, deren Erfindung sich genau diesem Zweck verdankt, also schon vom Ziel her gegen philosophische Sprachkritik gerichtet ist – und das sind die heute akzeptierten Sprachphilosophien leider in den meisten Fällen. Deshalb sollen in diesem Buch der Sprachkritik an der Hirnforschung Überlegungen vorausgehen, welche Philosophie dieses Buch leitet.

Mit ihr soll folgendes Rekonstruktionsprogramm realisiert werden: Die Hirnforschungsdebatte präsentiert sich so, wie sie tatsächlich geführt wird, als eine Art von »Kauderwelsch«. Das Wort Kauderwelsch bedeutet etymologisch wohl eine lautmalende Sprache und besteht der Sache nach aus einem Sprachengemisch, in dem sich einerseits Fachsprachen, andererseits eine gehobene Alltagssprache ohne fachwissenschaftliches Fundament identifizieren lassen. Fachterminologien kommen aus Physik und Chemie, aus Neuroanatomie und Neurophysiologie, aus der experimentellen Psychologie, aus der Wissenschaftstheorie, aus der Philosophiegeschichte und bei einzelnen Beispielen aus Anwendungsfeldern wie Medizin, Ökonomie, Religion und anderen.

Leider trägt im Zweifel selbst für die Fachsprachen die Unterstellung nicht, ihre Terminologien seien klar geregelt, unter den Experten konsensfähig und in ihrem Einsatz unproblematisch. Um so weniger ist die gehobene Alltagssprache ein taugliches Instrument. Sie ist eine Bildungssprache in dem Sinne, daß der Gebildete zugleich souverän ihren Gebrauch beherrschen und dennoch über ihre Begriffe keine Auskunft geben kann. Grammatisch korrekt, logisch wie stilistisch geordnet und subjektiv in individuellen Lerngeschichten verankert und so die subjektive Gewißheit tragend, transportieren diese »Sprachspiele« unzählige Mißverständnisse.

Analyse und Rekonstruktion der für die Hirnforschungsdebatte erforderlichen sprachlichen Mittel werden hier auf drei Sprachebenen gesucht: einer *Objektsprache*, in der die »harten« naturwissenschaftlichen Sachverhalte gefaßt werden; einer *Parasprache* (Begleitsprache), in der Fachwissenschaftler ihre Selbstverständnisse, Programme und Ansprüche formulieren, etwa darüber, was »die Hirnforschung« leisten solle und könne; und einer *Metasprache*, in der über die Objekt- und Parasprache und ihre Gegenstände gesprochen wird. In ihr spielen sich die wissenschaftstheoretischen Kontroversen ebenso ab wie die Bewertung von Ergebnissen nach Erfolg und Mißerfolg.

Diesen drei Sprachebenen sind die Kapitel 3 bis 5 gewidmet. Im dritten Kapitel, Objektsprache, geht es um die Gegenstände der Hirnforschung. Aber »Hirnforschung« ist selbst keine Name für eine Fachwissenschaft, sondern eine populäre Sammelbezeichnung für höchst verschiedene Gegenstandsbereiche und Disziplinen. Die Terminologien von Neuroanatomie und Neurophysiologie mit ihren physikalischen, chemischen und biologischen Einschlüssen decken keine Bereiche ab, in denen etwa von Geist und Seele, von Kognition und Emotion, von Handeln und Erleben oder ähnlichem gesprochen wird. Daneben sind vermeintlich terminologische Wörter, sogenannte »Fachbegriffe« wie Materie, Organismus, Evolution und andere, tatsächlich in den Fachwissenschaften ebenso undefiniert wie geläufig.

Im vierten Kapitel geht es parasprachlich um den Erklärungsbedarf, den zunächst die Hirnforschung selbst zu erfüllen beansprucht. Hier tauchen Wendungen wie »das Ich«, »die Freiheit des Willens«, »Selbstbewußtsein«, »Erkenntnis« und andere auf. Aber ein um Klarheit bemühter Hirnforscher wird bitter enttäuscht, wenn er von der Hoffnung ausgehen sollte, die parasprachlichen Mittel, mit denen er seine Explananda, also das zu Erklärende, oder seine wissenschaftlichen Herzensanliegen formuliert, seien fertig zu übernehmen aus irgendeiner Fachwissenschaft, etwa der Psychologie, oder aus einer wissenschaftlichen Bewußtseinsphilosophie.

Dabei hat sich in der »Analytischen Philosophie des Geistes« aktuell ein neues akademisches Feld gebildet, das aus einer reflektierenden Begleitung empirischer Kognitionswissenschaften, experimenteller Psychologie und schnell expandierender Neurowissenschaften stammt. Hier wird festzustellen sein, warum die »Philosophen des Geistes« keine Lösungen beitragen. Sie diskutieren Gegensatzpaare wie monistisch/dualistisch, funktionalistisch/strukturalistisch, kausalistisch/emergentistisch, kompatibilistisch/reduktionistisch als Wissenschaftsverständnisse, die auf einem Verschiebebahnhof von Ismen als eine Art modularer Philosophiebausteine hin und her bewegt werden. Aber es kommt nicht zu einer Festlegung von Grundbegriffen, mit denen von den jeweiligen Gegenständen der Ansätze die Rede ist.

Im fünften, metasprachlichen Kapitel geht es dann um die Wissenschafts- und Erkenntnistheorie von Hirnforschern. Auf sie trifft zu, was C. F. v. Weizsäcker einmal über die Physik gesagt hat: »Jeder Physiker hat eine Philosophie; und wer behauptet, keine zu haben, hat in der Regel eine besonders schlechte.« Hier findet sich auf seiten der Hirnforscher eine durchgängige Unterschätzung der Risiken, mit ungeklärter Rede von Erfahrung, Experiment, Erkenntnis, Reflexivität, Beweis usw. unerkannte philosophische Hypotheken zu schultern. Hier zeigen sich an der metasprachlichen Terminologie Grenzen der investierten Ad-hoc- und Hausmacherphilosophien. Hier brechen die Defizite der in Hirnforschung üblichen begrifflichen und empirischen Verfahren auf. Und hier muß an Ergebnisse der Wissenschaftstheorie erinnert werden.

Sprachkritik muß sich nicht auf die Analyse vorgefundener Sprachgebräuche beschränken. Sie kann mehrdeutige, defizitäre oder widersprüchliche Verwendungsweisen fachwissenschaftlicher und parasprachlicher Erläuterungen durch Rekonstruktion ersetzen. Worin deren Erkenntnisgewinn liegt, ist selbstverständlich explizit auszuweisen. Und damit dieses Unternehmen wenigstens dem Anfangsverdacht der Undurchführbarkeit begegnet, wird zuerst im zweiten Kapitel die hier eingesetzte Philosophie vorgestellt – nach zwei kleinen Zusatzbemerkungen:

Dem Ziel der Versachlichung der Debatte soll erstens deren Entpersonalisierung dienen. Es geht, auch bei Zitaten, weniger um deren Urheber als um die darin vermittelte Meinung. Deshalb werden wir zu dem unüblichen Mittel greifen, Zitate nicht ihrem Autor zuzuordnen. Wo für ihr Verständnis hilfreich, wird »Philosoph« oder »Hirnforscher« hinzugefügt. Aber alle Zitate sind selbstverständlich original und wörtlich, wie in wissenschaftlicher Literatur üblich.

Zum zweiten sei verwiesen auf das unter seinen Kennern hochgeschätzte Buch von N. R. Bennett und P. N. S. Hacker über die philosophischen Grundlagen der Neurowissenschaften. Dort ist ein Programm der Sprachkritik durchgeführt. Soll hier dasselbe Unternehmen noch einmal versucht werden?

Zunächst befaßt sich dieses englischsprachige, in England publizierte Buch nicht mit der deutschsprachigen Debatte und ihren Sonderentwicklungen. Darüber hinaus ist es im deutschen Sprachraum weitgehend ignoriert worden. Ausnahmen gibt es: Zwei Abschnitte sind in deutscher Übersetzung in dem von D. Sturma herausgegebenen Sammelband *Philosophie und Neurowissenschaften* erschienen. Andernorts wird an einer deutschen Ausgabe des Buches gearbeitet – aber trotz einiger Fürsprecher ist das Buch vor allem in der Hirnforschungsdebatte unbeachtet geblieben.

Zudem ist die Sprachphilosophie von Hacker, in der Tradition des späten Wittgenstein stehend, in wichtigen Aspekten verschieden vom methodischen Ansatz, der hier verfolgt wird.

Und schließlich liefert die Wissenschaftstheorie, die hier in Kapitel 5 eine zentrale Rolle einnimmt, bei Bennett und Hacker zwar in einem kritischen Durchgang durch zahlreiche Ansätze die Basis für ein eigenes Methodenkapitel, bleibt aber selbst deskriptiv-analytisch. Hier soll dagegen die Methodische Philosophie zum Tragen kommen, die normativ an der Verbindung von Sprechen und Handeln in der wissenschaftlichen Forschung selbst ihre methodischen Kriterien vorlegen kann.

2 Sprechen als vernünftiges Handeln

Wir machen uns gegenseitig verantwortlich für das, was wir sagen, im Alltag, in den Wissenschaften und in der Philosophie. Das heißt im einfachen Falle, daß wir in Rede und Gegenrede Antwort erwarten und geben. Und es heißt im günstigsten, also im idealen Falle, daß wir auf alle sprachlichen Äußerungen angemessen reagieren, also wörtlich angemessen ›zurück-‹, oder ›widerhandeln‹.

Handeln und Verhalten

Wir hatten zu lernen und haben gelernt, daß manches, was wir tun, uns von anderen Menschen als Verdienst oder Verschulden zugerechnet wird. Jede individuelle Lerngeschichte muß wenigstens soviel soziale Kompetenz erreichen, daß das eigene Handeln vom *bloßen Verhalten* unterschieden werden kann. Das deutsche Wort Verhalten ist doppeldeutig. Es steht einerseits für Handlungsweisen (»Wie verhält sich ein Kunde, wenn sein Garantieanspruch nicht erfüllt wird?«), andererseits für ein Naturgeschehen (»Wie verhält sich der Kupferdraht, wenn er erwärmt wird?«). Deshalb sei die zweite Bedeutung durch Hinzufügen des Adjektivs als bloßes Verhalten ausgezeichnet. Bloßes Verhalten wie Erschrecken, Stolpern, Ermüden, Aufwachen, Verdauen usw. läuft einfach an oder in uns ab.

Aber schon unsere Bewegungen wie Gehen, Schwimmen, Radfahren, aus einem Becher Trinken, mit Besteck Essen, Zeichnen und Schreiben sind Kulturbewegungen, die wir als Handlungen lernen müssen. Dies gilt um so mehr für Herstellungs- und für Beziehungshandlungen. Seit der griechischen Antike nennt man diese drei Typen von Handlungen Kinesis, Poiesis und Praxis.

Herstellungshandlungen führen zu Sachverhalten, die in weiteren Handlungen als Mittel verwendet werden. Das Öffnen einer Flasche dient als Mittel, etwas auszugießen. Das Zubereiten eines Kaffees oder das Aufräumen des Bücherregals haben ihren Zweck nicht im Tun, nicht im Vollzug der Handlungen selbst, sondern im Kaffeetrinken oder im Bücheraufsuchen.

Beziehungshandlungen wie Verletzen und Heilen, Loben und Tadeln, Bitten und Danken, Grüßen und Verabschieden usw. richten sich auf andere Personen, auf ihre Bedürfnisse und Interessen. Sie sind häufig, aber nicht ausschließlich sprachliche Handlungen.

Nur wo uns von anderen Menschen Handlungen als Verdienst oder Verschulden zugerechnet werden, ist es angemessen zu sagen: Handlungen können unterlassen werden; zu Handlungen kann sinnvoll aufgefordert werden; Handlungen können gelingen und mißlingen, das heißt richtig oder falsch vollzogen werden; Handlungen können erfolgreich oder erfolglos sein, das heißt ihren Zweck erreichen oder verfehlen. Alle diese Bestimmungen des Handelns treffen nicht auf das bloße Verhalten zu, sehr wohl aber alle auf das Sprechen. Deshalb ist auch unser Sprechen ein Handeln.

Sprechen als Handeln

Man kann eine Sprechhandlung unterlassen. Man kann aufgefordert werden, etwas oder etwas Bestimmtes zu sagen oder nicht zu sagen. Man kann etwas (phonetisch, grammatisch, semantisch, performativ usw.) richtig oder falsch sagen, das heißt, die Sprechhandlung kann gelingen oder, etwa wenn man sich verspricht, mißlingen. Oft bemerkt dies nur oder eher der Zuhörer als der Sprecher. Das Sprechen ist einerseits richtig oder falsch, gelungen oder mißlungen im Sinne der Üblichkeiten einer Sprechergemeinschaft, andererseits im Sinne der Sprecherabsichten: Der Sprecher möchte einem Adressaten etwas sagen, und am Adressaten erweist sich letztlich, ob dieser verstanden hat, das heißt, ob die Sprechhandlung gelungen ist. Es widerfährt also dem Sprecher in einem doppelten Sinne das Gelingen oder das Mißlingen seiner Sprechhandlung, nämlich sprachregelabhängig und absichtsabhängig.

Etwas anderes ist der Erfolg bzw. der Mißerfolg einer Sprechhandlung, definiert am Erreichen oder Verfehlen ihres Zwecks. Wenn der Adressat eine Aufforderung befolgt, eine Frage beantwortet, einer Behauptung zustimmt, ein Versprechen akzeptiert, ein Bekenntnis glaubt, einen Gruß erwidert usw., dann wird man diese Sprechhandlungen für erfolgreich halten. Der Erfolg ist also vom Gelingen zu unterscheiden, wie die allgemeine Lebenserfahrung auch bei den nichtsprachlichen Handlungen lehrt: Zwar versuchen wir, etwas richtig zu machen, um möglichst den erstrebten Erfolg zu haben; aber das »Operation gelungen, Patient tot« hat viele Formen. Zwischen gelungene Handlung und erhofften Erfolg kann ein störendes Ereignis treten. Die guten, im Herbst fachmännisch vergrabenen Krokuszwiebeln werden von Schädlingen gefressen, und die Frühjahrsblüte bleibt aus. Bei den vielen verschiedenen Sprechhandlungen könnte man den Erfolg pauschal als Anerkennung durch den Adressaten charakterisieren.

Vernünftiges Sprechen ist eine Beziehungshandlung unter

Symmetriebedingungen. Vernünftig soll heißen, daß für beide Parteien eines Zwiegesprächs gleiche Rechte und gleiche Pflichten zu fordern sind. Weder Autoritätswahrheiten noch Gewaltandrohungen, weder Täuschungen noch uneinlösbare Versprechungen sollen darin vorkommen.

Den Idealtypus solchen vernünftigen, weil gleichberechtigten und gleichverpflichteten Sprechens nennt man *Diskurs*, im Unterschied zur Diskussion. Ist der Diskurs auf einen Abschluß, auf ein Ergebnis ausgerichtet wie die Beantwortung einer Frage, die Lösung eines Problems, die Begründung einer These oder ähnliches, dann nennt man den Diskurs einen *Dialog*. Dialoge sind also keine Zwiegespräche, wie exemplarisch nicht nur die berühmten Dialoge Platons oder Galileis zeigen, sondern Entscheidungsverfahren des Durchspielens bis zu einem Ende (von griechisch *dia*, »durch«; ein Dialekt ist keine Sprache für zwei Sprecher, sondern eine im Gebrauch durchgeformte, abgeschliffene Sprache).

Tatsächlich ist das Sprechen der Menschen nur in seltenen Fällen vernünftig. Für die Wissenschaften aber, die im allgemeinsten Verständnis auf transsubjektive Geltung aus sind, bedeutet das Transzendieren, also das Übersteigen der Subjektivität des einzelnen Sprechers gerade das Ziel der Symmetrie unter Sprechern, also das Ziel gleicher Rechte und Pflichten aller Diskursteilnehmer. Wissenschaftlichkeit ist eine Forderung an den wissenschaftlichen Autor und besteht genauer in einem Anspruch, der sich wesentlich an die Form des wissenschaftlichen Sprechens richtet, nämlich an die Nachvollziehbarkeit von Bedeutung und Geltung prinzipiell durch jedermann.

Dazu kommen bei den Laborwissenschaften nichtsprachliche Verfahren. Verfahren, griechisch Methoden, sind Handlungsweisen, also Schemata des Handelns, die immer wieder von neuem aktualisiert werden können. Ein wichtiges Beispiel ist das Experiment. Nicht das einzelne, (nur) einmal gelingende und erfolgreiche Herstellen eines Laborereignisses wird von den Forschern Experiment genannt, sondern das auf gleiche Weise wiederholbare Ereignis, mit einer wichtigen Pointe: Die Herstellung der Experimentierapparatur sowie der Start des Ablaufs sind (poietische) Handlungen, die immer wieder von neuem gelingen müssen. Dann aber läuft etwas »von selbst« ab. Und auch dies muß gleich sein, wenn das Experiment erfolgreich sein soll. Gelingen und Erfolg bei Wiederholung definieren also das Experiment. (Vgl. Kapitel 5.)

Ziel des vernünftigen Sprechens ist die Nachvollziehbarkeit des Gesprochenen für jedermann. Leider nützt es aber tatsächlich wenig, zur Realisierung dieses Ziels als Mittel Klarheit und Wahrheit zu fordern. Denn bei Bedeutung und Geltung wissenschaftlicher Aussagen gehen die Meinungen bereits weit auseinander.

Methodische Ordnung

In diesem Buch wird ein *methodisches* Verständnis des Sprechens zugrunde gelegt. Wo tatsächliches Sprechen nicht vernünftig nachvollziehbar ist, muß es nach Möglichkeit dazu gemacht werden, und zwar durch eine sogenannte »Rekonstruktion«. Wie die beiden Bestandteile Re- und -konstruktion besagen, soll etwas Vorhandenes, also ein Stück Rede, wieder oder erneut gegeben werden; andererseits fügt die -konstruktion der vorgefundenen Rede etwas hinzu, um es vernünftig nachvollziehbar zu machen, etwa eine ausdrückliche Klärung der Wortverwendung. Rekonstruktionen, genauer, die rekonstruierten »Rekonstrukte« sollen selbst vernünftig sein. Dazu muß Rekonstruieren methodisch erfolgen.

Methodisch, das heißt vom Verfahren her, spielt die *Reihenfolge sprachlicher Handlungen* eine wichtige Rolle, zusätzlich zu Forderungen, die sich auch in anderen Sprachphilosophien und Sprachtheorien finden. Genauer gelte ein *Prinzip der methodischen Ordnung*, das verbietet, im Sprechen über Handlungen abzuweichen von derjenigen Reihenfolge von Handlungen, die zum Erfolg führt. Wer über einen Graben springen möchte, nimmt erst Anlauf und springt dann, nicht umgekehrt *(kinēsis)*; deshalb ist auch in derselben Reihenfolge darüber zu sprechen. Wer russische Eier zubereitet, hat Eier erst zu kochen, dann zu schälen, dann zu halbieren, dann zu garnieren *(poiēsis)*. Darin liegen weder ein Natur- noch ein Sittengesetz. Man kann die Reihenfolge der Teilhandlungen auch vertauschen, wird aber dann seinen Zweck verfehlen. Kein Kochbuch aber wird falsche Reihenfolgen vorschreiben. Und auch praktische Handlungen folgen solchen Reihenfolgen: Das Begrüßen kommt vor dem Verabschieden, die Bitte vor dem Dank, die Verhandlung vor dem Geschäftsabschluß. Und so soll auch in vor- oder beschreibender Rede über Praxis die Reihenfolge von Teilhandlungen einer Handlungskette nicht anders gefaßt werden.

Abstrakt klingt diese Redeverbotsnorm vielleicht erschrekkend. In der angelsächsischen Welt gelten Normen allgemein und Verbotsnormen insbesondere als anstößig. Konkret aber ist diese Redeverbotsnorm jedem Laien der Sache nach bekannt; sie ist allgemein unentbehrlich und tatsächlich bestens akzeptiert. So würde niemand eine Gebrauchsanweisung, eine Bauanleitung oder ein Kochrezept schätzen, das durch Vertauschung einzelner Schritte regelmäßig zu Mißerfolg führt. Niemand würde einen Bericht akzeptieren, in dem durch Vertauschung einzelner Ereignisse etwas Unmögliches berichtet wird, wie das Essen des Kuchens vor dem Backen. Niemand wäre glaubhaft, der auffordert, fragt, behauptet oder bekundet, erst durch eine Tür zu gehen und sie dann zu öffnen usw. Solche Rede nimmt also immer Bezug auf Handlungsketten, deren Teilhandlung nur bei Strafe des Mißerfolgs vertauscht werden können. Wo solche Vertauschungen dagegen unschädlich für das Erreichen des Zwecks sind, regelt das Prinzip nichts.

Das Prinzip der methodischen Ordnung normiert also *Sprechen über Handeln*. Das erklärt auch, warum es in der Philosophie, vor allem in der Philosophie der Wissenschaften und für sie leitend in der Philosophie der Naturwissenschaften, wenig Beachtung gefunden hat. Denn in den meisten Wissenschaftsphilosophien wird das Handeln der Wissenschaftler ignoriert oder für unwichtig erachtet. Es sind leider vor allem die theoriebildenden Wissenschaften, in denen das Prinzip verletzt wird, indem erste Sätze von Theorien beliebig umgeordnet werden.

So kann man z. B. Meßverfahren für Gewicht und Volumen bestimmen und daraus das spezifische Gewicht als Quotienten der Maßzahlen von Gewicht und Volumen definieren; oder man kann ein Vergleichsverfahren für die Dichte bzw. das spezifische Gewicht und das Volumen angeben und dann das Gewicht als Produkt aus spezifischem Gewicht und Volumen festlegen. Beide Wege sind formal gleichwertig. Wenn aber Weg und Zeit gemessen werden sollen, um Geschwindigkeit als Quotient aus beiden zu bestimmen, Zeit selbst aber durch die konstante Geschwindigkeit eines Uhrzeigers gemessen werden soll, dann liegt ein Verstoß gegen das Prinzip der methodischen Ordnung vor. Ein solcher Verstoß durch Umordnung erster Schritte in Theorien führt immer zum Verlust von Realitätsbezug, nämlich z. B. der Realität der durch poietisches Handeln tatsächlich zugängigen Meßergebnisse.

Leider ist dabei sowohl von Wissenschaftlern wie von Philosophen häufig übersehen worden, daß es menschliche Handlungen und keine Naturgegenstände sind, von denen hier gesprochen wird. Pointiert gesagt, mit dem Prinzip der methodischen Ordnung tut sich vor allem schwer, wer meint, in den Wissenschaften und vor allem in den Naturwissenschaften gehe es in erster Linie um einen sprachlichen Weltbezug durch Behauptungen über Naturgegenstände. Tatsächlich aber sind die wissenschaftlichen Beispiele in der Regel von der Art, daß es weder um Behauptungen noch um Naturgegenstände, sondern um Vorschriften und um Handlungen geht, die in Theorien strukturiert und systematisiert werden. Die Natur kommt erst sekundär ins Spiel.

Anfangsprobleme

Das Prinzip der methodischen Ordnung löst zwar ein Problem, nämlich das des Bezugs von Sprache auf die technische Verwirklichung der beschriebenen Verhältnisse. Es trägt damit zur Lösung des Bedeutungsproblems der betreffenden Grundbegriffe bei. Aber es wirft zugleich ein anderes Problem auf: Wo soll die Reihe der methodisch geordneten Handlungen beginnen? Was ist die »erste« Handlung, was bildet den Anfang einer Handlungskette? Das Prinzip löst also das Problem, wie sich Sprache auf Welt beziehen kann, indem sie sich primär auf die uns selbst verfügbaren Handlungen bezieht, aus denen erst sekundär die Objekte der Welt erzeugt oder die Objekte der Natur erlebt werden. Aber es wirft das Problem auf, daß es in

Reihen methodisch geordneter Schritte einen Anfang gibt. Dieser Anfang muß gefunden und legitimiert werden. In den Wissenschaften sind solche Anfänge wiederum vernünftig und nicht dogmatisch zu wählen.

Die vorherrschende Mehrheitsmeinung von Logikern, Mathematikern, Naturwissenschaftlern und von einigen Philosophen läßt dagegen die erwähnte Vertauschbarkeit erster Schritte in Theorien zu und behilft sich mit der Ausrede, nur die Theorie als ganze habe Bedeutung und Geltung. Man nennt diese Ausrede Holismus, von griechisch *holon*, »ganz«, und unterscheidet entsprechend einen semantischen und einen geltungstheoretischen Holismus.

Historisch läßt sich genau nachzeichnen, daß diese Auffassung aus der Mathematik, und zwar zunächst aus einem formalistischen Verständnis der Geometrie kommt, von wo aus es sich für das Verständnis aller theoriebildenden Wissenschaften durchgesetzt hat. Anfänge werden dabei unvernünftig, nämlich autoritär gesetzt. Man sagt dafür gern (und bemerkt nicht einmal, wie sonderbar diese Redewendung ist), daß man ein System von Axiomen angibt, indem man es hin- oder anschreibt. So ist es in der Welt. Und man begleitet diese Tätigkeit mit der metawissenschaftlichen Ausrede, mit irgend etwas müsse man ja schließlich anfangen. Deshalb sei angeblich die Forderung nach Definition aller Grundbegriffe einer Theorie nicht einlösbar; denn jede Definition erfordere ja bereits wieder ein Definiens, womit die Forderung nach Definition aller Termini einer Theorie auf einen unendlichen Regreß führe. Und überhaupt seien Absolutbegründungen sowieso unmöglich.

Jenseits solcher diffusen Glaubensbekenntnisse sollte etwa die Tatsache irritieren, daß wir Menschen sprechen lernen können, und zwar tatsächlich, nicht wissenschaftlich-hypothetisch.

Erwerb wie Verwendung von Sprache erfolgt Schritt für Schritt, schön der Reihe nach, also sequentiell, nicht holistisch. Auch Theorien werden Wort für Wort, Satz für Satz formuliert und gelesen, erfunden und verstanden. Daß dieser Prozeß mit Rück- und Querbezügen schnell sehr komplex wird und daß in jeder komplexen Sprache das Ganze mehr ist als seine Teile, ist nicht bestritten. Aber ebensowenig ist die Unlösbarkeit des Anfangsproblems gezeigt oder gar erwiesen. Nach der Maxime »Es gibt nichts Absolutes, außer man tut es« erzeugt jede Handlung einen Sachverhalt, der ohne diese Handlung nicht in der Welt wäre. Dazu betrachte man ein einfaches, praxisnahes Beispiel:

Wie lassen sich die beiden Wörter »früher als« und »später als« lernen bzw. im Rahmen einer wissenschaftlichen Teilsprache definieren? Hier werden schnell Henne-Ei-Probleme der folgenden Art vermutet: Man bezieht sich auf die Ortsbewegung eines Körpers, bei der der Ort A früher als der Ort B durchlaufen wird, benötigt aber für die Angabe der Bewegungsrichtung bereits wieder die zu definierenden Wörter zur Unterscheidung der früher oder später eingenommenen Orte. Man bewege sich also im Definitionszirkel, in dem man für das Definiens das Definiendum benötigt und benützt. Was kommt also »methodisch« früher, das Ei der zeitlichen Früher-später-Unterscheidung oder die Henne der Hin-und-zurück-Unterscheidung der Bewegungsrichtung? Die Lösung dieses Problems ist einfach: Die Wörter »früher als« bzw. »später als« sind exemplarisch an zwei verfügbaren einfachen Handlungen wie Klatschen und Klopfen bestimmbar. Wer die beiden Relationen bereits kennt, klatscht in die Hände und klopft dann auf den Tisch, um das Klatschen »früher als« das Klopfen zu nennen. Hinzu tritt die ausdrückliche Vereinbarung, Klopfen später als Klatschen zu nennen, wenn das Klatschen früher als das Klopfen erfolgt ist. (Man lasse sich bei diesem Beispiel nicht dadurch irritieren, daß es hier, in einem Buch, beschrieben werden muß, aber nur im Vollzug der beschriebenen Handlungen tatsächlich funktioniert.)

Dieses simple Alltagsbeispiel soll dafür stehen, daß die Regelung vernünftigen Sprechens durch eine Bestimmung der Wortverwendungen auf einfache, beiden Dialogpartnern gleichermaßen zu Gebote stehende Handlungen zurückzuführen ist. Für die Wissenschaften können dies aufwendige Prozeduren sein, wie die operationale Bestimmung von Grundbegriffen der Physik, die Praxis des Züchtungshandelns für die Evolutionsbiologie oder komplexe Formen des Warentausches zwischen menschlichen Gemeinschaften für die Makroökonomie. Bei der Hirnforschung wird zu klären sein, welche methodisch primären Handlungen zu ihren Gegenständen und Grundbegriffen führen.

Sprachregeln

Eine weitere Abweichung von der Mehrheitsmeinung über vernünftiges wissenschaftliches Sprechen betrifft die Normierbarkeit. Unter dem Einfluß der deskriptiv-analytischen Philosophien von Willard Van Orman Quine und Donald Davidson gilt heute vielen Wissenschaftlern und Philosophen als ausgemacht, daß eine Normierung wissenschaftlicher Sprachgebräuche weder möglich noch wünschenswert sei. Zur Begründung des ersten wird auf die Unschärfe der tatsächlichen Sprachgebräuche im Alltag und in den Wissenschaften verwiesen; das letztere wird als normative Kraft des Faktischen gesehen und mit der Ausrede verbrämt, sprachliche Ungenauigkeit biete Flexibilität für neue Erkenntnisse. Dazu werden weitreichende philosophische Theorien über die Unbestimmtheit von Übersetzungen und die Unmöglichkeit synonymer Wörter und analytisch wahrer Sätze, also von Sätzen, die auf Grund von Sprachregeln allein gelten, aufgestellt und akzeptiert.

Dabei verfahren wir tatsächlich im Alltag wie in den Wissenschaften anders. Es ist z. B. nichts Besonderes, Bezeichnungen für Verwandtschaftsbeziehungen zu lernen. Der eigene Schwager ist entweder Bruder der eigenen Frau oder Ehemann der eigenen Schwester. Wer die Wörter Cousine und Cousin richtig gebrauchen kann, kann dies auch mit den alten Bezeichnungen Base und Vetter. Selbstverständlich gibt es hier synonyme Wortpaare. Und in den Wissenschaften? Wer etwa weiß, was er unter einer geraden Zahl und einer Primzahl zu verstehen hat, kann daraus die Geltung des arithmetischen Satzes einsehen, daß keine Primzahl größer als Zwei gerade ist. Auch das öffentliche Leben käme nicht aus ohne explizite Sprachnormierung. Die Ordnungswidrigkeit des verbotenen Überholens im Straßenverkehr kann nur an einem bewegten Fahrzeug begangen werden; ein stehendes Fahrzeug dagegen kann man nicht überholen; man kann per definitionem nur an ihm vorbeifahren, ob nun im Überholverbot oder nicht. Kurz, Regelungen von Wortverwendungen sind adäquate Mittel, den Zweck der vernünftigen Nachvollziehbarkeit aller sprachlichen Schritte zu realisieren, im öffentlichen Leben, jedenfalls aber in den Wissenschaften. In der Sprache der Dichter dagegen soll niemand daran gehindert werden, anders zu reden.

Niemand muß der Illusion von Absolutbegründungen anhängen, denn für alle Sprachen und Teilsprachen beginnen ausdrückliche Rekonstruktionen von Sprachgebräuchen immer schon inmitten einer Praxis, zu der das Reden bereits unabweisbar dazugehört. Was aber herrschende analytische Sprachphilosophien übersehen, ist die Lösbarkeit des Anfangsproblems, ist die Möglichkeit methodisch erster Schritte: An Beispielen und Gegenbeispielen, kurz »exemplarisch«, lassen sich hier und jetzt, aber immer wieder von neuem, an eigenen und damit verfügbaren Handlungen erste Schritte der Sprachnormierung vornehmen. Auf diese Weise, also durch exemplarische Bestimmung, haben wir wohl gelernt, zwischen einer Biene und einer Wespe, zwischen einer Eiche und einer Buche, zwischen einem Löffel und einer Gabel zu unterscheiden.

An exemplarisch in ihrem Gebrauch fixierte Wörter läßt sich ein Regelsystem zum schrittweisen, geordneten Aufbau einer wissenschaftlichen Terminologie anschließen. Danach sind Biene und Wespe Insekten, Eiche und Buche Pflanzen usw. Auf diesem Weg ist ein Mittel zur Rekonstruktion vorgefundener Fachsprachen angedeutet. Die Rekonstruktionsverfahren für ganze wissenschaftliche Begriffssysteme sind bis zur Lehrbuchreife ausgearbeitet.[1] Sie bieten eine Alternative zum Verbleiben im Naturwüchsigen des vorgefundenen Redens, im Alltag wie in den Wissenschaften. Wer solche methodischen Regeln als wort- oder begriffspolizeilich diskreditiert, verzichtet auf verfügbare Mittel, zu vernünftigem, wissenschaftlichem Reden zu gelangen.

Sprechhandlungstypen

Ein weiteres Problemfeld des sprachphilosophischen Hintergrundes auch der Debatte zur Hirnforschung ist die Differenzierung der *Sprechhandlungstypen*, also von Typen von *Sprechakten.* Historisch hat die Entdeckung der Sprache als Mittel der Wissenschaften im sogenannten *linguistic turn* einerseits die Disziplinen Mathematik und Physik als Prototypen von Wissenschaftlichkeit ausgewählt und andererseits ein linguistisches Abgrenzungskriterium gegenüber Scheinwissenschaft und Metaphysik gesucht. Dies hat die Sicht auf die Sprache der Wissenschaften unzulässig eingeengt, und zwar in zweifacher Weise: Als ginge es einerseits in den Wissenschaften nur um einen Typ behauptenden und monologischen Sprechens, ist der Mathematiker oder Theoretiker, der vor einem Blatt Papier sitzt und einen Beweis sucht, der Prototyp des Wissenschaftlers. Zum andern seien alle Wissenschaften am Vorbild von Logik, Mathematik und Physik zu orientieren, und zwar in eben dem angedeuteten linguistischen Verständnis.

Am Ende sollte es nur noch die Formalwissenschaften Logik und Mathematik sowie die empirische Realwissenschaft Physik (mit Chemie als Teilgebiet) geben, auf die in unterschiedlicher Weise der ganze Rest der Wissenschaften zurückzuführen sei. Ob solche Zurückführungen, »Reduktionen«, nun logisch oder ontologisch, semantisch oder empirisch, kausal oder korrelativ sein sollten, wird in der Debatte um die Hirnforschung zu einer wichtigen Frage.

Übersehen wird dabei, daß schon das alltägliche Sprechen eine reiche Fülle verschiedener Typen sprachlichen Handelns kennt, die als Mittel der Deutung und Rekonstruktion wissenschaftlichen Redens nicht ohne Grund ausgeschlossen werden dürfen. Dies gilt insbesondere auch für die Hirnforschungsdebatte, wo ja menschliche Leistungen in den Blick genommen werden. Deshalb nun eine kleine methodische Aufzählung von Sprechakttypen, die sich entgegen einem Selbstverständnis von

Hirnforschern als Naturwissenschaftlern sehr wohl in der Hirnforschungsdebatte finden lassen:

Ein methodischer Anfang einer Liste von Sprechakttypen läßt sich mit dem *Auffordern* machen. Eine Person fordert eine andere auf, etwas zu tun oder etwas zu unterlassen. Dieser methodische Anfang ist dadurch ausgezeichnet, daß man zu nichtsprachlichen Handlungen auffordern kann (»Öffne das Fenster!«) und im günstigen Erfolgsfalle an der Reaktion des Adressaten direkt ersehen kann, daß er die Aufforderung verstanden und anerkannt hat.

Eine besondere Form der Aufforderung ist die *Frage*. Wort- und Satzfragen werden von Logikern als Aufforderungen rekonstruiert, unvollständige Sätze zu komplettieren.

Aufforderungen wie Fragen können bedingt sein (»Hahn schließen, wenn Warnleuchte brennt!«). Bedingungen zu formulieren verlangt Sätze, die auf den ersten Blick *Behauptungen* sind. Behauptungen braucht man auch, wenn der Sprecher die (Nicht-)Befolgung seiner Aufforderung nicht selbst miterleben kann, sondern sich berichten lassen muß.

Aber schon im Alltag findet diese Einengung des Sprechens auf Befehle, Fragen und Behauptungen, wie sie uns die deutsche Grammatik und die drei Satzabschlußzeichen – Ausrufungszeichen, Fragezeichen und Punkt – suggerieren, nicht statt. Deshalb sind weitere Typen des Sprechens methodisch vor dem Behaupten und vor dem (naturwissenschaftlichen) Beschreiben der Welt ohne methodische Zirkel vollziehbar und beschreibbar.

Etwa gleich elementar wie das Auffordern sind *sprachliche Beziehungshandlungen* wie Bitten und Danken, Loben und Tadeln, Kränken und Trösten, und mit zunehmender Regulierung des sozialen Lebens etwa Gratulieren und Kondolieren, Ernennen, Kündigen, etwas Versprechen und viele andere. Wer dankt, bittet, verspricht usw., der behauptet nicht, daß er dankt, bittet oder verspricht, sondern er führt diese Handlungen mit Worten aus. Etwas irreführend hat sich hierfür die Bezeichnung *performative Sprechakte* eingespielt, irreführend insofern, als jede sprachliche Handlung einen performativen Aspekt hat.

Ein weiterer wichtiger Sprachtyp sind die *Bekundungen*, mit denen ein Mensch sein Befinden oder allgemeiner einen inneren Zustand mitteilt. Bekundungen, auch expressive Äußerungen genannt, reichen von der Mitteilung über Kopfschmerzen bis zu Bekenntnissen etwa eines religiösen Glaubens oder auch der Zustimmung zu einem wissenschaftlichen Programm wie der Naturalisierung des Menschenbildes. Man bekundet also seine persönliche Zustimmung und äußert sich damit in einer Form, die weder wahr noch falsch, sondern nur wahrhaftig oder gelogen sein kann. Die Bekundungen von Biologen und Hirnforschern zu Programmen sind unzählig und inhaltlich breit gestreut. Ihr spezielles Risiko liegt darin, mit Behauptungen, etwa über die Ergebnisse der Hirnforschung, verwechselt zu werden.

Eine weitere, auch für die Wissenschaften durchaus in Betracht zu ziehende Weise des Sprechens könnte man *liturgisch* nennen. Wie in der kirchlichen Liturgie wird durch Wiederholung der immer selben Formulierungen die Entstehung eigener und fremder Meinungen befördert, verstärkt, ja bis zur unerschütterlichen Überzeugung gleichsam eingebrannt. Liturgische Sprechakte sind eine wichtige Form der Suggestion und Autosuggestion in wissenschaftsprogrammatischen Glaubenskonflikten. Daß mentale Zustände oder Vorgänge auf neuronalen Vorgängen »beruhen« oder daß diese jenen »zugrunde liegen«, sind liturgische Formeln der Hirnforschungsdebatte.

Die Liste der möglichen, für Kommunikation durchaus geeigneten Typen sprachlichen Handelns kann offenbleiben. Aber es scheint so, daß sie alle gelehrt und gelernt, praktiziert und geschätzt werden können, ohne auf wahrheitsfähige Behauptungen zurückzugreifen. Diese bilden gewissermaßen den Abschluß der vorangehenden Liste von Sprechtypen, und dies hat wieder einen guten Grund: Es gibt nämlich mindestens so viele verschiedene Typen von Wahrheit oder Geltung, wie es verschiedene Typen des Sprechens gibt. Denn alle dürfen für einen entsprechenden Wahrheitstyp herangezogen werden. So ist etwa die Beurteilung einer Schilderung, welche Meinungen man früher vertreten hat, ein Reden über vergangene Bekundungen und hat selbst wieder die Form einer Bekundung.

Hier kann natürlich keine sprachphilosophische Theorie dieser Sprechakttypen entfaltet werden. Ihre Aufzählung verfolgt hier nur den Zweck, gewappnet zu sein, daß in den Wissenschaften und Philosophien alle diese Formen des Sprechens vorkommen können. Eine vorschnelle Beschränkung etwa auf das Behaupten und das Definieren, das heißt eine bedingte Aufforderung, ein Wort in bestimmter Weise zu verwenden, oder auf logisch und empirisch wahre Sätze ist ungeeignet, sich der Debatte um die Hirnforschung unvoreingenommen zu nähern und kritisch nach ihrer Vernünftigkeit zu fragen.

Sprachebenen

Weitgehend nichtkontrovers, im Unterschied zum bisher Ausgeführten, ist die *Unterscheidung von Sprachebenen*. Genauer, nichtkontrovers ist die Relation »metasprachlich« (von griechisch *meta*, »nach«). Eine Sprache kann zu einer anderen metasprachlich sein, wenn sie über diese spricht. Im Alltag, etwa für den kleinkindlichen Spracherwerb, ist Metasprache bereits unverzichtbar. Wenn ein Kind aufgefordert wird, langsamer, lauter, deutlicher zu sprechen, und wenn es später in der Schule aufgefordert wird, ganze Sätze zu bilden, zusammenhängend zu sprechen, um schließlich bis zu den grammatischen und orthographischen Regeln zu kommen, wird Metasprache gesprochen.

Damit ist nicht gesagt, wo in einer aufsteigenden Reihe von Metasprachen der Anfang zu machen ist. Im Blick auf die Hirnforschungsdebatte sei hier für die »erste« Sprachebene das Wort *Objektsprache* vorgeschlagen, weil es zuerst, im Sinne von zuvorderst oder als wichtigstes, um die Objekte der Hirnforschung gehen soll, ohne die jede andere Sprachebene der Hirnforschungsdebatte ihrerseits keinen Gegenstand hätte.

Auch die Iteration von Metasprachen bildet kein Problem – sollte man meinen. Der objektsprachliche Satz A (»Der Apfel ist rot«) wird selbst Objekt des metasprachlichen Satzes B (»A ist ein Behauptungssatz«), über den man auf der nächsten Meta-Stufe behaupten könnte: »B ist deutschsprachig« usw. Aber so simpel liegen die Dinge schon deshalb nicht, weil auch »A ist wahr« bzw. »A ist falsch« metasprachliche Sätze zu einem Satz A sind – und da handelt man sich Probleme ein.

In den Naturwissenschaften wird sprachvergessen insbesondere gegenüber den Sprachebenen gesprochen, auf denen man sich gerade bewegt. »A ist ein Naturgesetz«, »A ist eine Definition«, »A ist empirisch gut bestätigt«, »A ist widerlegt«, oder gleich ein besonders hartnäckiges Beispiel aus der Hirnforschung: »Explanans und Explanandum fallen zusammen« (wenn das Gehirn das Gehirn erforscht), das sind allesamt metasprachliche Sätze – so weit, so gut. Aber daß sie wiederum über Sätze sprechen, also sprachliche Gegenstände und nicht etwa »die« Natur oder »das« Gehirn zum Objekt haben, wird gern übersehen. Man benötigt aber andere Wörter, um *über Sätze* über das Gehirn zu reden, als über das Gehirn selbst. Und man benötigt andere Kriterien, solchen Sätzen Sinn und Geltung zu verschaffen. Darin liegt ein Kernproblem der Hirnforschungsdebatte, wie sich zeigen wird.

Hier soll jedoch noch ein anderes sprachphilosophisches Problem der Hirnforschung angesprochen werden: Den meisten Kontrahenten der Hirndebatte ist nicht präsent, wie leicht sie sich im Durcheilen der Meta-Stufenleiter ihrer Sprachebenen auf einen Nominalstil einlassen und dabei Adjektive sowie Verben vermeiden – mit erheblichem Realitätsverlust, sorgfältiger gesagt: mit erheblichem Verlust an Bezug zu der Grundlage, die allererst die jeweiligen Sätze sinnvoll und gültig machen kann. Ein Beispiel: Irgendwie seien die höheren, geistigen Leistungen des Gehirns »emergent« gegenüber den »physiologischen« (in Wahrheit gemeint: »physischen« – siehe oben!) Vorgängen und Zuständen im Hirn.

Sucht man in der Fachliteratur eine Definition oder wenigstens eine Erläuterung von »emergent«, kommt das Adjektiv nicht mehr vor.[2] Das heißt, es wird nicht explizit definiert, was »emergent« als Prädikat etwa für die Qualitäten des Diamanten gegenüber denen des schwarzen, pulverförmigen Kohlenstoffs bedeutet. Vielmehr wird von der *»Emergenz« der Eigenschaft* des Diamanten gesprochen. Das Wort »Emergenz« selbst ist ein Kernausdruck in »Emergenztheorien«, wird aber dort nur wieder »holistisch« verhandelt. Das heißt, auch dort wird »Emergenz« nicht definiert, sondern kommt einfach nur vor, als undefinierter Fachausdruck, der seine Verwendungsweise eben der gesamten Theorie verdanke und nur in ihrem Zusammenhang eine Bedeutung habe. Die Emergenztheoretiker vertreten aber verschiedene Emergenztheorien, die zueinander in heiklen Verhältnissen stehen. So gibt es endlich verschiedene Emergenztypen, »Emergentismen«. Am Ende des Durchgangs durch die Meta-Stufenleiter findet man sich in der Analytischen Philosophie des Geistes vor, wo die Verhältnisse von Emergentismen diskutiert werden, und man bleibt mit dem unerfüllten Ansinnen zurück, doch nur eine Definition für »emergent« zu suchen.

Versubstantivierungen

Allgemein tut sich ein weites Feld von Problemen auf, wo die Meta-Stufenleiter von Sprachebenen zum Verlust des Gegenstandes führen, von dem die Rede ist. Es geht um Versubstantivierungen von Verben, Adjektiven und sogar von Pronomina, wie Erkenntnis von erkennen, Wahrheit von wahr und das Ich von ich.

Schon das Substantiv »Erkenntnis« erlaubt einige Formulierungen, die nicht in eine völlig gleichbedeutende Formulierung mit dem Verbum »erkennen« umgeformt werden können. Ein allgemein bekannter Grund dafür liegt in der Doppeldeutigkeit, daß »Erkenntnis« sowohl einen Vorgang wie dessen Ergebnis bezeichnen kann. Der Übergang vom Verbum »erkennen« für eine menschliche Tätigkeit auf das Substantiv »Erkenntnis« erzeugt den Anschein eines neuen, selbständigen Gegenstandes, über den nun neue Aussagemöglichkeiten gegenüber denen mit »erkennen« bestehen.

Dieses Beispiel soll nahelegen, in der methodischen Rekonstruktion vom abstrakten Nominalstil definitorisch zurückzugehen auf die Situationen, in denen die jeweiligen Ursprungswörter an Beispielen und Gegenbeispielen eingeführt, das heißt in ihrem Gebrauch normiert werden können. Wie verwenden wir im Alltag die Verben erkennen, wahrnehmen, sehen, hören usw.? Werden die bekannten Adjektive nicht ganz anschaulich und exemplarisch beherrschbar zur Differenzierung unserer Handlungen herangezogen? X läuft geschwinder als Y, wenn er ihn einholt oder überholt. Und X läuft geschwind, wenn er geschwinder als üblich läuft. Geschwindigkeit als Abstraktum kann so, selbst bis in die quantitative Form des physikalischen Parameters, methodisch rekonstruiert werden. Und dann kann man z. B. mit Gründen entscheiden, ob es eine definitorische oder eine empirische Frage ist, ob Geschwindigkeiten sich nur stetig oder aber unstetig ändern können.

Wenn die Freiheit des Willens ein Kernthema der Hirnforschungsdebatte wird, sind wieder zwei Substantive im Spiel. Wie redet man von »wollen« als Verb, und worauf wendet man »frei« als Adjektiv an? Und wenn »das Ich« und »das Selbst« als Substantive daherkommen, mit denen vieles behauptet werden kann, wie steht es mit den Ursprungswörtern »ich« und »selbst« als Personal- bzw. Reflexivpronomina? In welchen Situationen haben wir sie gelernt, um sie immer noch so zu verwenden wie auch der Hirnforscher, nicht nur privat zu Hause, sondern in einer Diskussion seines Faches?

Die Erfindung und der exzessive Gebrauch von metasprachlichen, metametasprachlichen usw. Sprachen sind nicht nur ein probates Mittel, Reflexionsebenen zu unterscheiden. Sie sind auch ein riskantes Mittel, durch Versubstantivierungen in Abstraktionshöhen aufzusteigen, in denen der semantische Sinn abhanden kommt und schlechte Metaphysik ihren Einzug hält.

Ein letzter sprachlogischer Hinweis betrifft die sorglose Verwendung des bestimmten Artikels in der Hirnforschungsdebatte. Denn in seinem Gebrauch stecken stillschweigende, in der Regel aber verkannte Zusatzbehauptungen. Vor einem Substantiv im Singular transportiert nämlich der bestimmte Artikel eine Existenz- und eine Eindeutigkeitsbehauptung, im Plural einen logischen Allquantor. Das zeigt schon die Alltagssprache. Wer etwa von »dem« Minister der Bundesrepublik spricht, provoziert die Frage »welcher?«. Wer »die« Minister erwähnt, muß mit der Frage »alle?« rechnen, und wer schließlich von »dem« König der Bundesrepublik spricht, provoziert den Einwand: »Einen König der Bundesrepublik gibt es doch gar nicht!« Wenn also von »den« kognitiven Fähigkeiten unseres Gehirns, »den« evolutionären Prozessen oder »der« Grenze des Wißbaren die Rede ist, wenn ein Hirnforscher von »dem« menschlichen Verhalten, »der« Welt des physikalisch Erklärbaren oder auch nur »dem« menschlichen Gehirn spricht, wird man genau hinzusehen haben, ob hier nicht mehr behauptet wird, als je eingelöst werden kann.

Der bestimmte Artikel im Singular wie im Plural wird insbesondere vor »abstrakten« Substantiven (»das« Ich; »das« Bewußtsein), die sich einer ungeklärten Versubstantivierung verdanken, zum Indikator für sprachliche Fiktionen, die nicht in Operationalisierungen, Beobachtungen oder anderen empirischen Verfahren konkret werden können. Sie stehen im Verdacht der semantischen und pragmatischen Sinnlosigkeit.

Damit sollte ein Überblick über das hier eingesetzte sprachphilosophische Instrumentarium gegeben sein, um sich den drei Sprachebenen der Hirnforschung zuzuwenden. Wer mehr als diesen Überblick sucht und die Einlösbarkeit sprachphilosophischer Versprechen prüfen möchte, sei auf das einschlägige Lehrbuch des Autors verwiesen.

3 Objektsprache: Die Gegenstände der Hirnforschung

Wer sich noch nie mit kritischen Fragen nach der Bedeutung geläufiger Wörter befaßt hat, kann irritiert sein. Natürlich ist das Hirn der Gegenstand der Hirnforschung, was sonst? Aber genau darin liegt bereits die erste kleine Herausforderung. Fragt man den so sicheren Sprecher der Alltagssprache, was der Unterschied von Hirn und Gehirn sei, wird er schon zögern. Und man kann nicht sicher sein, vom Hirnforscher (Gehirnforscher?) eine klarer begründete Meinung zu hören als vom Laien.

Hirn oder Gehirn?

Da kann einem zwar noch einfallen, daß bei Verben die Vorsilbe »ge-« verwendet wird, wie für das Perfekt »gelaufen« von »laufen«, aber schon beim Verhältnis von »geloben« und »loben« hilft dies nicht weiter. Und wie steht es mit dem oben verwendeten Wort »gelingen«? Bei Substantiven wie Gebirge und Berg oder Gebeine und Bein hätte man einen Hinweis, daß hier die Vorsilbe Ge- »eine Menge von« oder »ein System von« benennt. Dies alles nützt aber wenig, solange nicht klar ist, wie man überhaupt zu einem Gebrauch des Wortes Hirn kommt; jedenfalls wird es nicht so einfach sein wie bei Berg und Gebirge, auf die man mit dem Finger zeigen kann. Was spielt sich etwa in der Lerngeschichte eines Kindes ab? Wie kommt der Mensch im Alltagsleben auf das Hirn oder Gehirn? Wo sind die Exemplare, an denen es uns zum ersten Mal begegnet ist?

Wer nicht an einem Ort zu einer Zeit aufgewachsen ist, als man noch, vor Entdeckung von BSE, Kalbshirn gegessen hat, oder wer nicht eine derbe Praxis von Hausschlachtung miterlebt hat, findet erste Bekanntschaft mit dem unsichtbaren Hirn über Störungen des Wohlbefindens oder der Gesundheit.

Erste Begegnung im Alltag

Kopfschmerzen sind Hirnschmerzen, in einer diffusen Bezeichnung, die dem Sprechen von Kindern über Bauchschmerzen ähnlich ist. Auch Zahn- oder Ohrenschmerzen oder die Folgen eines Schlages auf die Nase finden am bzw. im Kopf statt, werden aber ebensowenig als Kopfschmerzen bezeichnet wie die mitunter heftigen Schmerzen einer Gesichtsrose. Das Hirn erscheint also zuerst als Ort von Kopfschmerzen.

Eigene oder beobachtete Erlebnisse wie Alkoholrausch, Bewußtlosigkeit durch Schlag, Sturz oder Erschrecken, und dann die schweren Beeinträchtigungen durch Hirnschlag, Tumor oder Sauerstoffmangel nach Herzinfarkt kommen meistens zuerst als Geschichten im Alltagsleben vor. Man trifft Menschen mit mehr oder weniger starken halbseitigen Lähmungen, mit Sprachschwierigkeiten, Verhaltensauffälligkeiten, oder man hört vielleicht von langsamen oder dramatischen Heilungsgeschichten nach Verkehrsunfällen. Das Hirn begegnet uns also primär als Quelle von Störungen des normalen, gesunden Wohlbefindens. Und dazu wird uns von ärztlicher Seite versichert, daß diese Störungen ihren Sitz im Gehirn hätten. Also ist diese erste Bekanntschaft mit dem Hirn kaum ohne medizinisch-wissenschaftliche Hilfe möglich, auch nicht im Alltag.

Das Hirn als Träger positiver Eigenschaften, als Sitz von

Intelligenz und Klugheit, taucht auf in alltagssprachlichen Komplimenten, jemand habe »Köpfchen«, benutze sein Hirn zum Denken, verfüge über ein enormes Gedächtnis usw. Der Kopfarbeiter im Gegensatz zum Handarbeiter sei ›verkopft‹. In alledem kommt Hirn oder Gehirn nur äußerst indirekt und mit diffuser Zuweisung von intellektuellen Fähigkeiten vor. Daß man mit dem Kopf denkt und mit dem Bauch fühlt, könnte aber eine bloße Redewendung ohne Begründung sein. Erst recht, wenn es um Wörter wie gewußt und bewußt, scharfsinnig und intelligent, kreativ und phantasiereich geht, könnten solche Redewendungen beliebig sein. Im Altgriechischen ist das Wort für Bewußtsein gleichbedeutend mit Zwerchfell, was einen Hinweis auf eine andere, kultürlich verschiedene Verortung des Bewußtseins gibt.

Das tote Hirn

Etymologisch kommt das Wort »Hirn« von einem älteren Wort für Schädel, wie auch das lateinische *cerebrum* und das griechische *kranion* auf »Schädel« und »Kopf« verweisen. Hirn ist das, was sich unter der Schädeldecke befindet.

Das Hirn als eigener Körperteil begegnet dem Menschen erst, wenn er einen Schädel öffnet, also einerseits dem Metzger, andererseits dem Anatomen. Das Hirn zeigt sich damit zuerst am toten Lebewesen. »Hirn« ist ein einfaches, exemplarisch bestimmtes Wort für den anatomischen Fund im Kopf vor allem von Fischen, Säugetieren und Menschen – und daß man bestenfalls die ersteren verspeist, die letzteren nicht, ist eine bloß kultürliche, naturwissenschaftlich irrelevante Zusatzunterscheidung von Tier und Mensch.

Hirn als Organ

Schwieriger schon ist die Bezeichnung des Hirns als Organ eines Organismus. Organe, von griechisch *organon*, »Werkzeug«, stehen zum Organismus in einem kniffligen Wechselverhältnis: Organe definieren sich durch ihre Leistung für das Gesamtsystem des Organismus, der seinerseits aber nicht bloß die Summe seiner Teile und Teilfunktionen ist. Sofort drängt sich die methodische Frage auf, ob man zuerst die Leistungen des Gesamtorganismus kennen muß, um diese im zweiten Schritt aus den Leistungen seiner Organe erklären zu können, oder zuerst die Leistungen der Organe, um daraus im zweiten Schritt die Leistung des Gesamtorganismus zu bestimmen; den ersten Weg legen jedenfalls die Bekanntschaften mit dem Hirn über Kopfschmerz oder Bewußtlosigkeit nahe. Dort steht zuerst die Störung des Gesamtorganismus fest, die dann durch Fehlfunktion eines Organs erklärt wird. Dieser Weg spielt auch in der Geschichte der Hirnforschung die wichtigere Rolle, etwa wenn die Folgen von Kriegsverletzungen wie Kopfschüssen oder von Krankheiten wie Schlaganfällen oder Tumoren studiert werden. Vor allem gibt es Fehlfunktionen wie bestimmte Sprachschwierigkeiten oder Gesichtserkennungsprobleme (Prosopagnosie), die man nicht bei Betrachtung von Gehirnschäden, gleichsam auf dem Weg vom Organ zum Organismus, erfinden oder induzieren könnte, sondern die primär als Fehlleistung eines Menschen diagnostiziert und sekundär aus Schädigungen des Gehirns erklärt werden müssen. Für den zweiten Weg dagegen, dem Anfang bei einem Organ, fehlen zunächst alle Anlässe, überhaupt von einem separaten Organ Gehirn zu sprechen und dessen Funktionen zu bezeichnen. Eine Hirnforschung ohne »Explanandum«, das heißt ohne eine zu erklärende Funktion des Gesamtorganismus, hat keine spezifische Frage, hat nichts zu erklären.

Die Rede von Organ und Organismus ist nie eine einfache Beschreibung, sondern immer schon eine funktionale Deutung.[3] Der Anatom findet bei Öffnen des Schädels keine Funktionen, sondern Unterschiede an Konsistenz, Form, Farbe usw. Schneidet er das Präparat in Scheiben, sieht er auf der Schnittfläche weiße und graue Substanz. Die graue Substanz erweist sich als Ansammlung von Nervenzellen, die weiße von Faserbahnen, also der Fortsetzung der Nervenzellen, die durch weiße, umhüllende Markscheiden hell erscheinen. So wird er sich nach und nach Kriterien zurechtlegen und seine Beobachtungen verfeinern.

Neurosprache

Es ist eine dramatische, lange und von Zufällen, Irrtümern und Kämpfen begleitete Entdeckungsgeschichte, Teile des Hirns zu unterscheiden und die feineren Strukturen, also insbesondere die Zusammensetzung des Hirns aus Nervenzellen, Stützgewebe (Neuroglia), Hirnhäuten und einem Versorgungssystem von Blutgefäßen, zu finden. Seit Robert Hooke 1665 Holundermark und Kork unter sein selbst verbessertes Mikroskop legte und die Wabenstruktur entdeckte, deren Einheiten er als Zellen bezeichnete, mußte noch ein weiter Weg zum »Zellenstaat« Rudolf Virchows (1858) und zur Demonstration einer zellulären Hirnstruktur durch verschiedene Färbungsmethoden an Hirnschnitten (etwa durch Camillo Golgi, 1879) zurückgelegt werden. Wenn heute schon der Laie von Neuronen oder gar von Axonen und Dendriten, von Synapsen und Ionenkanälen spricht, wird er wohl kaum ahnen, wie sich erst allmählich über Gewebe- und Zellehren, Nervenwissenschaften, ideengeschichtliche Kontroversen usw. das heutige Bild des Gehirns als Organ durchgesetzt hat.[4] Hier kann und soll weder eine Geschichte der Hirnforschung und ihrer Teildisziplinen geschrieben werden, noch geht es hier um eine Einführung in die Wissenschaft vom Hirn, wie sie ein Student der Biologie oder der Medizin zu absolvieren hat. Es geht um eine Rekonstruktion des sprachlichen Zugangs zur Rede von Hirn und Gehirn.

Um dem Leser der hier vorzutragenden sprachphilosophischen Überlegungen – auch wenn er aus den Naturwissenschaften kommt oder gar ein neurowissenschaftlicher Experte ist – eine kontrollierbare Einschätzung der fachlichen Ebene zu eröffnen, auf die sich die Sprachanalyse bezieht, seien als Referenz zwei Bände der Reihe »Verständliche Wissenschaft« empfohlen, die von Fachleuten geschrieben wurden und verantwortet werden.[5]

Damit dürfte auch der Philosoph gewappnet sein, seine Überlegungen nicht an der Fachwissenschaft vorbei anzustellen. Freilich muß dem Laien, und selbst jeder Fachwissenschaftler ist auf anderen Gebieten schnell der Laie, die Bemühung um das jeweils erforderliche Grundwissen zugemutet werden. Dies gilt aber nicht nur in Richtung von der Philosophie oder den Geisteswissenschaften zu den Naturwissenschaften, sondern auch umgekehrt für Naturwissenschaftler in Richtung Philosophie. Auch hier sind himmelschreiende Naivitäten sprachphilosophischer, erkenntnis- und wissenschaftstheoretischer Art anzutreffen, die durch eine Ad-hoc-Hausmacherphilosophie nicht zu überwinden sind.

Im Folgenden soll es nun um stillschweigende Annahmen,

Hintergrundphilosophien und ungenannte Entscheidungen und Verfahren gehen, die in die Bildung der neurowissenschaftlichen Fachterminologie eingehen und gerade von Experten, die sich wie selbstverständlich dieser Terminologie bedienen, üblicherweise übersehen werden. Routine und Expertise führen dazu, daß über das Hirn, seine Teile, zellulären Bausteine und Funktionen gerade von den Fachleuten mit einer Selbstverständlichkeit gesprochen wird, als handelte es sich dabei um Dinge und Vorgänge, die so einfach und natürlich zugänglich sind wie Kiesel an einem Flußufer oder wie ein Sonnenuntergang.

Dabei ist schon die Rede von Nervenzellen nicht nur auf den Begriff der Zelle mit ihren Bausteinen und Stoffwechselvorgängen angewiesen, sondern auch auf die Färbungs-, Präparier- und Mikroskopierverfahren, aus denen sich die bekannten Bilder und schematischen Darstellungen ergeben. Das heißt, »Nervenzelle« ist kein Wort für einen Naturgegenstand (wie »Kieselstein«), sondern für ein technisch präpariertes und isoliertes, künstliches Objekt. Seine Bezeichnung hängt ab von Theorien und Methoden, von anderen Definitionen und Prinzipien, ja sogar von anderen Fachwissenschaften. Schon in seiner anatomischen Beschreibung sind also weder das Hirn noch seine Teile Naturgegenstände, sondern hochkomplexe Konstrukte technischer und begrifflicher Bemühungen zu bestimmten wissenschaftlichen Zwecken. Und es sind diese Zwecke, die Unterscheidungskriterien liefern und empirische Befunde wahrmachen.

Wer es z. B. wichtig findet, daß Nervenzellen bei Menschen und Schnecken gleich sind, um die »höheren« Leistungen des menschlichen Gehirns als Folge allein der Menge und der Architektur des menschlichen Organs darzustellen, muß sich fragen lassen, ob diese Gleichheit nicht zwangsläufig ist, nämlich bereits durch die Mittel der Präparation und der Beschreibung erzwungen wird. Mit anderen Worten, ist diese Gleichheit ein empirischer Befund, wie mancher Hirnforscher unterstellt, oder ist sie in die Untersuchung von Hirnen investiert?

Selbstverständlich bleibt die Ungleichheit, daß die eine Nervenzelle aus einem menschlichen, die andere aus einem Schneckenhirn stammt, sonst wäre die Aussage semantisch sinnlos. Und dies ist nicht nur eine logische Trivialität, sondern führt auf Fragen nach der Zugänglichkeit von Hirnen, Nervenzellen usw. an lebenden Organismen. Welche Tierversuche, die nicht in gleicher Weise am Menschen durchgeführt werden können (weil sie nicht durchgeführt werden dürfen), werden als Ersatz herangezogen? Diese Frage entscheidet über die methodische Ordnung von Setzung und Empirie. Hirnforscher sollten nicht als empirischen Befund ausgeben, was in Wahrheit eine empirisch nicht disponible, apriorische Setzung der Kriterien für die strukturelle und/oder die funktionale Gleichheit der Nervenzellen in Tieren und Menschen ist. Denn es sind diese Kriterien, die darüber entscheiden, wie das objektsprachliche Wort »Neuron« verwendet wird.

Das lebende Hirn

Die Rede vom Hirn als Organ im Organismus ist erst einmal eine biologische Rede mit undefinierten Wörtern. Zwar darf man jetzt schon die anatomischen Kenntnisse unterstellen, die eine aktive Komponente nicht nur in den Präparationshandlungen der Forscher haben. Anatomisches Wissen kommt gelegentlich schon aus einer Experimentierkunst, in der die Untersuchungsobjekte »reagieren«. Denn trotz der Arbeit an toten Hirnen sind diese gelegentlich vorpräpariert z. B. dadurch, daß sie von getöteten Tieren genommen sind, die vorher großen Belastungen (Streß, körperlicher Anstrengung) ausgesetzt waren, um deren Wirkungen auf das Nervensystem zu untersuchen.

Insbesondere werden die Wechselbeziehungen von (anatomischer, histologischer) »Struktur« und (physiologischer) »Funktion« zu weiteren Differenzierungen auf beiden Seiten führen. Aber eine brauchbare Definition von Organ und Organismus fehlt insofern, als ja ein Versuchstier oder ein menschlicher Proband nicht einfach Organismen *sind*, sondern nur als solche *betrachtet und beschrieben* werden. Man hat nichts bestimmt, wenn man auf ein Tier oder einen Menschen zeigt und sagt, dies sei ein Organismus. Der Begriff des Organismus wird nur unter einer bestimmten Beschreibungsperspektive zugänglich. Unter anderer Perspektive beschrieben sind Menschen und Tiere etwas anderes. Deshalb muß zumindest angegeben werden, in welchen Verfahren und Parametern die Aspekte des Wechselverhältnisses von Organ und Organismus erfaßt werden.

Zur Erläuterung der damit angesprochenen Unterscheidungsabsicht ein einfaches Beispiel: Es sei unterstellt, aus der Physik stehen Verfahren der Gewichts- und Temperaturmessung zur Verfügung. Man kann sie auf ein Naturobjekt wie einen Kieselstein ebenso anwenden wie auf einen Menschen. Insofern darf man sagen, beide Objekte, Stein wie Mensch, werden unter dem Aspekt »physikalischer Körper« betrachtet und beschrieben.

Wir wissen darüber hinaus, daß die Anwendung dieser Verfahren in beiden Fälle jeweils verschiedene, durchaus vernünftige Zwecke haben kann. Dennoch wird niemand sagen, daß *deshalb* ein Mensch ein Körper *ist.* Und schon gar nicht folgt aus der sinnvollen Anwendung eines physikalischen Verfahrens auf einen Menschen, daß dieser *nichts als ein Körper* ist. Ebenso abwegig wäre es zu sagen, ein Mensch sei *wie ein* oder *gleich einem* Stein, weil er Gewicht und Temperatur hat. Es bleibt nämlich z. B. der Unterschied, daß man einen Teil eines Steines wieder einen Stein nennt, nicht aber einen Teil eines Menschen wieder einen Menschen.

Das heißt, schon auf diesem elementaren Niveau kann keine Generalisierung oder gar Verabsolutierung des Körper-Aspekts stattfinden. Der Stein und der Mensch bleiben, obwohl beide sinnvoll unter dem Aspekt des Körpers beschreibbar, durch den Kontext *auch in diesem Aspekt* verschieden. Der Stein ist eben ein toter und der Mensch ein lebender Körper. Deshalb kann auch die Aspektegleichheit von Mensch und Schnecke bezüglich der Histologie des Neurons gerade nicht leisten, beide als Organismen mit Organen lediglich verschiedener Komplexität zusammenzunehmen.

Objektsprachlich lebt der Vergleich von Schnecke und Mensch bezüglich gewisser Gleichheiten ihrer Neurone von einem Reflexionsdefizit. Insbesondere besteht dieses in mangelnder Aufmerksamkeit dafür, ob »Mensch« selbst als objektsprachliches Fachwort zu gelten hat. Denn es wird einerseits im evolutionsbiologischen Sinne für ein Taxon, also im Kontext aller Lebewesen zur Klassifizierung des organismischen Bauplans verwendet; und andererseits wird es bezüglich geistig-seelischer Leistungen im historisch-alltagssprachlichen Sinne gebraucht. In diesem Sinne ist das Wort, sprachlogisch betrachtet, ein Reflexionsterminus. Das Substantiv Mensch ist in diesem Gebrauch eine Abkürzung für die offene, historisch sich wandelnde Liste menschlicher Qualitäten. Wäre es z. B. für den mittelalterlichen Menschen undenkbar gewesen, den Mond zu betreten, zählt dies für uns heute zu den »menschlichen« Leistungen.

Struktur und Funktion

Zur Erläuterung der Rede von den Wechselbeziehungen zwischen Organen und Organismus zieht man gern sprachliche Mittel aus zwei Bereichen heran, einmal die Sprache der Systemtheorie, einmal die Rede von Modellen. Beide Möglichkeiten sind näher zu inspizieren, was ausführlich aber erst in Kapitel 5 über die Metasprache geschehen soll. Hier vorweg nur soviel, wie benötigt wird, sich der Rede von (anatomischer) »Struktur« und (physiologischer) »Funktion« am lebenden Hirn zu nähern:

»System« (von griechisch *syntithesthai*, »zusammensetzen«) bezeichnet ein aus Teilen zusammengesetztes Ganzes, mit dem (meist beschwörenden) Zusatz, daß das Ganze mehr als die Summe seiner Teile sei. Eine Melodie ist ein System von Tönen, also mehr als eine in Reihenfolge und Dauer beliebige Menge von Tönen. Ist das System zeitlich veränderlich, zeigt es also bestimmte Leistungen, so gilt auch für diese, daß sie mehr sind als die Summe der Leistungen der Teile. Ein Radio leistet mehr als die bloß additive Menge der Teilleistungen der Transistoren, Dioden, Widerstände, Trafos usw. in seinem Inneren.

Man nennt den Aufbau, genauer die Art der Zusammensetzung des Systems aus seinen Teilen, »Struktur« (vom lateinischen Handlungsverb *struere* für »bauen, aufschichten«). Die »Art« der Zusammensetzung der Melodie ist die zeitliche Reihenfolge und die relative Dauer der Töne; bei den Teilen des

Radios bestimmt die leitende elektrische Verbindung die Art der Zusammensetzung. Von einer neuronalen Hirnstruktur zu sprechen verlangt also primär anatomische, sekundär aber schon physiologische, das heißt funktionale Angaben.

Die Leistungen des Systems nennt man »Funktion« (von lateinisch *fungi*, »ein Amt führen oder einen Beruf ausüben«) und verweist damit immer auf den jeweiligen Zweck. Das »Mehr«, also der Überschuß der Funktion des Systems über die Summe der Funktionen seiner Teile, sei, so sagt man zumeist, »emergent« (von lateinisch *emergere*, »entspringen, emportauchen«). In dieser Metasprache, nämlich »meta« zur Objektsprache über Funktionen, scheint den meisten Sprechern damit klar, was es heißt, daß ein Organismus ein System von Organen sei. Und Organe wie das Hirn ließen sich selbst wieder als System seiner Teile wie der Nervenzellen verstehen. Leider hat sich aber in diese systemtheoretische Sprechweise eine Reihe von Problemen sprachlicher und sachlicher Art eingeschlichen. Sie sind in Kapitel 5 aufzulösen. Dort wird dann auch das geheimnisvolle Phänomen der Emergenz geklärt.

Zum Begriff des Modells sei hier nur soviel vorweggenommen, daß man zwischen »Modellen von« und »Modellen für« unterscheiden muß. Ein »Modell von« ist eine partielle Abbildung einer Struktur – wie das Architektenmodell eines Hauses dem Original in Form und Farbe gleicht, aber nicht in den Materialien. Ein »Modell für« betrifft Funktionen. Wenn Konrad Lorenz etwa ein Dampfkesselmodell der Aggression vorschlägt, wird niemand bei aggressivem Verhalten eines Individuums in diesem eine Struktur in Form eines Behälters suchen, in dem sich ein atmosphärischer Druck aufbaut, bis sich das Sicherheitsventil öffnet.

Die heute so häufigen bildlichen Darstellungen von Hirnen

sind tatsächlich (anatomische) Modelle von Körperteilen; Studenten der Medizin verwenden als Lernhilfen dreidimensionale Pappe- oder Plastikmodelle, die wie ein Puzzle zusammengesteckt werden. Bei den Modellen von Nerven-, Hirnteil- oder Hirnfunktionen ergeben sich schnell Probleme, wo die sprachlichen Mittel fragwürdig werden.

Physik und Chemie

Nach heutigem Kenntnisstand unterscheiden sich Nervenzellen – »Neurone« in der dafür üblichen Sprache – von anderen Zellen des Körpergewebes vor allem durch ihre Form, durch ihre Zellmembran, die Nervensignale erzeugen kann, sowie durch die Ausbildung von Synapsen, an denen Nervensignale mit Hilfe von Überträgersubstanzen auf andere Nervenzellen weitergegeben werden. Die verästelten Fortsätze der Nervenzelle werden unterschieden in Dendriten (von griechisch *dendron*, »Baum«) und einem Axon (von griechisch *axōn* , »Achse«), und zwar danach, daß an den Dendriten Signale anderer Nervenzellen empfangen werden, während vom Axon eine Erregungsübertragung auf andere Zellen ausgeht.

Es gibt Nervenzellen mit einem, zwei oder mehr Axonen, die kurz oder über einen Meter lang sein können. Generell gleicht eine Nervenzelle der anderen nicht mehr als eine Fichte der anderen in einem Wald. In einer Nervenfaser pflanzt sich ein Nervensignal fort, indem örtlich begrenzt Ionen, also elektrisch geladene Atome, durch die Nervenmembran ein- bzw. ausströmen. Dadurch wandert ein sogenanntes Aktionspotential, gemessen als elektrische Spannung gegenüber einem Ruhepotential, die Nervenfaser entlang. Solche Nervensignale sind also elektrischer Natur, bis sie das Ende der Nervenfaser erreichen. Den Zwischenraum zur nächsten Nervenzelle überspringen sie auf chemische Weise, durch sogenannte Transmittersubstanzen. Man hat also sowohl von einem Ladungs- als auch von einem Stofftransport in der Nervenzelle auszugehen. Soweit etwa die übliche Beschreibung.

Die sprachlichen Mittel, die zur Beschreibung von Ladungs- bzw. Stofftransport eingesetzt werden, entstammen der Physik und der Chemie. Sie bilden, zusammen mit den histologischen, also gewebs- oder zellanatomischen Fachtermini, die Objektsprache, in der das Geschehen in den Nervenzellen und ihre Wechselwirkungen erfaßt werden. Die Neurowissenschaften übernehmen damit aus Physik und Chemie grundsätzlich deren Fachsprache und prinzipiell deren Meß- und Nachweismethoden. Hier liegt, könnte man vermuten, zunächst also eine bewährte Objektsprache vor, die zu wissenschaftstheoretischen Nachfragen wenig Anlaß gibt.

Dennoch ist auch hier Vorsicht geboten. Die physikalische Rede von Ladung, Strom, Spannung usw. sowie die chemische Rede von Elementen, Verbindungen, Atomen, Molekülen usw. verführt, etabliert und erfolgreich, wie sie ohne Zweifel ist, zu einer naiven Abblendung der technischen und theoretischen Voraussetzungen, auf denen die Unterscheidungen der beiden Disziplinen aufruhen. Weder Ladungen, Spannungen und Ströme noch Elemente, Verbindungen, Atome und Moleküle sind Naturgegenstände, die so natürlich und so einfach zugänglich wären wie die schon erwähnten Kieselsteine oder Sonnenuntergänge. Sie sind auch nicht »natürlich« in dem Sinne, daß sie allein und vollständig durch die Naturgesetzlichkeit der einschlägigen Laborverfahren für ihre messende und experimentelle Beherrschung bestimmt wären.

Wer zum ersten Mal ein physikalisches oder chemisches Labor betritt, kann ahnen, wie groß die Erklärungskunststücke sein müssen, diese High-tech-Installationen als Natur pur, als reines Wirken von Naturgesetzen auszugeben. Denn alle Maßgrößen verdanken ihre Definition bestimmten Meßverfahren. Meßverfahren bestehen im Einsatz von Meßgeräten, die ihrerseits künstliche, technische Produkte sind. Ihre Funktion läßt sich mit den anerkannten (sogenannten) »Naturgesetzen« nicht erschöpfend charakterisieren, weil diese (ihre »Funktion« angeblich erklärenden) Gesetze auch dann gelten, wenn ein Gerät defekt ist und seine Funktion verfehlt. Deshalb bleiben alle Maßgrößen von technischen Funktionskriterien der Meßgeräte abhängig, die als Verwendungszweck vom menschlichen Erfinder und Hersteller vorgegeben und als Störungsfreiheit vom Benutzer im Labor aufrechterhalten werden müssen. Maßgrößen sind also keine natürlichen Eigenschaften natürlicher Dinge oder Vorgänge, sondern sprachliche und sachliche Verhältnisse an technischen Produkten.

Entsprechend steht es mit Elementen und Verbindungen, mit Atomen und Molekülen. Auch sie sind weder »natürlich« noch einfach als »Naturgegenstände« zu bezeichnen. Dies zeigt sich eindrucksvoll am Zugang zur Chemie durch ein Fachstudium: Wer Chemie erlernen möchte und zum ersten Mal einen Chemiehörsaal betritt, findet dort eine Schautafel mit dem Periodensystem der Elemente vor, eine Übersicht über alle bekannten, überhaupt auf der Erde vorkommenden und technisch beherrschbaren stofflichen Elementarbausteine. Dieser Überblick und das immense in ihm enthaltene Erfahrungswissen können aber kein methodischer Anfang der Chemie (und ihres Studiums) sein, sondern sind dessen elaboriertes, vorläufiges Endergebnis.

Der Chemiestudent studiert also »top down«, das heißt die Chemie von ihrem jeweiligen Ende her; und dafür muß er dieses Ende als gültig, als Ergebnis, als bestmögliche Erkenntnis akzeptieren, in einem Glaubensakt, der sich bestenfalls erst im Verlauf des Studiums auflösen kann in Einsichten, warum dieses Ergebnis als wissenschaftliche Erkenntnis anzuerkennen ist. Aber der Einstieg als »Anfang von oben« schließt bleibend jede prinzipielle Infragestellung von Bedeutung und Geltung des chemischen Sprachspiels aus.

Die Suggestion, alle Dinge der Welt unter ihrem stofflichen Aspekt und damit als zusammengesetzt aus den chemischen Elementen zu betrachten, ist eine Erfindung der griechischen Atomisten. Sie verdankt ihren Charme der Einfachheit. Überspielt wird dabei gern, daß dieses »Zusammengesetztsein« nicht ein Ergebnis eines menschlichen Zusammensetzers oder eines Schöpfergottes mit Chemiebaukasten, sondern bestenfalls nur ein Ergebnis eines menschlichen Aufteilers sein kann. Modern heißt das, die These, jeder Körper sei aus den chemischen Elementen zusammengesetzt, verdankt sich der Kunst der Aufteilung in einer chemischen Analyse. Hier gehen die Handlungen des Zusammensetzens und Teilens durcheinander.

Es ist nur eine unbedachte Sprechweise zu sagen, etwas sei aus Teilen zusammengesetzt, weil man es in mancher Weise aufzuteilen versteht. »Teil« ist das Ergebnis der Handlung »teilen«. Zusammengesetzt werden und sind komplexe Gegenstände wie eine Uhr deshalb nicht aus Teilen, sondern aus Komponenten (von lateinisch *componere*, »zusammensetzen«), die im Blick auf ihre Zusammensetzung genau so, nämlich für ihr Zusammenpassen, produziert wurden. Dies sollte man auch für die »Teile« des Gehirns festhalten.

Zwar beherrscht die Chemie eine Fülle von Synthesen, also

das Zusammensetzen von Stoffen aus anderen Stoffen, aber das chemische »bestehen aus«, wie es sich in der chemischen Analyse zeigt, ist nicht per se und immer erfolgreich umkehrbar zu einer Synthese. Im krassen Beispiel: Selbst wenn man bis auf die Zahl genau wüßte, aus wie vielen Atomen welcher Elemente ein bestimmter Mensch zu einem bestimmten Zeitpunkt »zusammengesetzt« ist, gibt es kein Verfahren, diesen sozusagen Atom für Atom, Molekül für Molekül aufzubauen, zu synthetisieren.

Auch die Demonstrationen von Analysen und Synthesen, von Experimenten mit Stoffumwandlungen, mit denen Chemiker den Hin- und Rückweg vom handwerklichen Umgang von Stoffen zum Periodensystem zeigen, beginnt nicht bei Naturgegenständen. Im Labor wird nicht Natur, sondern es werden technische Kunstprodukte aus speziellen Fabriken, von denen die Reagenzien mit technischen Angaben ihrer Zusammensetzung und ihres Reinheitsgrades bezogen werden, in Flaschen aufbewahrt und verbraucht. An solchen Substanzen lernt dann der Student, wie er zum Beispiel eine Verbindung von einer Lösung und von einem Gemisch zu unterscheiden hat. Kurz, auch die Chemie hat es nicht mit »reinen« Naturgegenständen zu tun, sondern verdankt ihr Wissen über Stoffe und ihre Umwandlung dem technischen Verfügen im handwerklichen Umgang. Hirnforscher sollten deshalb mit dem Wort »Natur« bei physikalischen und chemischen »Objekten« vorsichtig umgehen.

Historisch wurde die Chemie zur Wissenschaft durch Übernahme von Meßverfahren aus der Physik, vor allem für Volumen, Druck, Temperatur, Gewicht, elektrische Leitfähigkeit u. a. Wenn also Funktionen von Nervenzellen, eingebettet in neuroanatomische und zellbiologische Unterscheidungen, mit den sprachlichen Mitteln von Physik und Chemie beschrieben werden, hat man es immer mit einem immensen Vorlauf von begrifflichen Festsetzungen, Vorschriften zur Normierung von Laborverfahren, Funktionskriterien von Instrumenten usw. zu tun, die häufig in anderen Zusammenhängen erarbeitet wurden. Da ist gelegentlich lohnend, sich der Zwecke zu erinnern, zu welchen diese Begriffe, Methoden und Prinzipien ersonnen und etabliert wurden, um sich zu versichern, daß ihre Übernahme in die Hirnforschung nicht an Grenzen stößt oder gar zu handfesten Fehlern führt. Reicht nun die physikalische und chemische Objektsprache zusammen mit der neuroanatomischen und zellbiologischen Objektsprache aus, Hirn-»Funktionen« zu beschreiben?

Physiologie

Diese Frage ist vor allem dann erheblich, wenn der Sprung von der Neuroanatomie zur Neurophysiologie als Wissenschaft *von den Funktionen lebendiger Systeme* definiert wird. Unter Physiologie versteht man die Lehre oder Wissenschaft von (normalen oder krankheitsbedingten) Lebensvorgängen von Pflanzen, Tieren und Menschen. »Physiologie«, eine ebenfalls enorm erfolgreiche Grundlagendisziplin der Medizin und der Biologie, handelt vom Namen her von der *physis*, dem griechischen Wort für »Natur«, wo Natur wiederum das lateinische Wort für das ist, was geboren wird und wächst oder was gepflanzt wird. Physiologie ist also primär eine Laborwissenschaft vom Lebendigen in diesem Sinne.

Benötigt sie dazu eine eigene Charakterisierung von »lebendig« oder »Leben«, die sich auf das Verständnis der Hirnforschung auswirkt? Auf den ersten Blick würde es ja ausreichen, sich auf eine Auswahl von Forschungsobjekten zu beschränken, die »leben« im Sinne eines alltäglichen Vorverständnisses, daß lebt, was geboren wird und wächst. Mit anderen Worten, markiert die Erweiterung von der Anatomie zur Physiologie in der Hirnforschung die Stelle, an der das Lebendigsein der untersuchten Lebewesen etwas prinzipiell nicht mehr mit Physik und Chemie allein Erfaßbares ist?

Hier kann weder die Begriffsgeschichte von »Leben« oder die Wissenschaftsgeschichte der Biologie noch der historische Streit um ein eigenes »Lebensprinzip«, der sogenannte Vitalismusstreit, aufgenommen werden. Vielmehr soll es sehr viel enger um die Frage gehen, ob die objektsprachlichen Mittel der Neurophysiologie allein aus dem Vokabular von Physik, Chemie und Anatomie gewonnen werden können. Oder muß eine Wissenschaft von der Funktion der Neurone und ihrer Systeme eine eigene, autonome Begriffsbildung schon bei den ersten grundlegenden Schritten leisten?

Es entspricht dem fachübergreifenden Erkenntnismodell der Naturwissenschaften, »Lebensvorgänge« physiologisch nicht nur in einer nacherzählenden Beschreibung zu erfassen, sondern nach dem Prinzip von Ursache und Wirkung zu »erklären«. Das Experiment ist dafür die klassische Methode. Sie wird in Kapitel 5 metasprachlich bei den Methoden der Hirnforschung zu diskutieren sein. Hier geht es im Blick auf die Objektsprache der Hirnforscher um die Mittel, mit denen die *Funktionen in und von Neuronen* formuliert und erklärt werden. Dazu finden sich in den einschlägigen Texten grob drei Typen von Bezeichnungen, nämlich (1) eine nichtterminologische alltagssprachliche Rede in Ausdrücken wie »Einfluß nehmen«, »wirken«, »reizen«, »reagieren«, »feuern«, »Wirkung übertragen«, »verantwortlich sein für« u. a., (2) die kybernetische

Sprechweise von Steuern und Regeln, und (3) die nachrichtentechnische Sprache mit den Schlüsselwörtern »Signal«, »Nachricht«, »Information«, »Kommunizieren« und gelegentlich die Übernahme entsprechender Termini aus der molekularen Genetik, wie »Codieren«, »Translatieren« und »Transkribieren«.

Kausale Wirkungen

Wenn der Import bzw. Export von Natrium- bzw. Kaliumionen für die Wanderung einer elektrischen Spannung durch das Axon verantwortlich gemacht wird, wird ohne große Sorgfalt, aber auch ohne große Probleme objektsprachlich von Ursache und Wirkung, von Einfluß nehmen und ähnlichem gesprochen. Metasprachlich wird gern erläutert, daß das eine durch das andere erklärt wird. Dazu kommen gelegentlich Darstellungen der Verfahren, in welchen Experimenten diese Beobachtungen und Erklärungen gewonnen sind.

Ein damit ganz der Physik überlassenes kausales Sprachspiel bedient sich hier der elektrodynamischen Terminologie. Wenn ein Strom zu einem Spannungsabfall führt oder wenn ein elektrischer Impuls eine elektrochemische Reaktion auslöst, kommt nichts prinzipiell Neues über die Physik hinaus ins Spiel. Dasselbe gilt für eine rein chemisch erklärte Wirkausbreitung.

Anders liegen die Verhältnisse, wenn das Reiz-Reaktions-Sprachspiel aus der behavioristischen Psychologie auf die Objektsprache von den Veränderungen in und zwischen Nervenzellen übertragen wird. Hier lohnt ein kurzer, sprachkritischer Blick auf die eingesetzten Wörter.

»Reiz« als Substantiv zu »reizen« ist sprachverwandt mit »ritzen«, kratzen. Es bedeutet anschaulich, schädlich auf ein Lebewesen einwirken. Zugleich mit der wörtlichen Bedeutung, wonach man sich am Dorn einer Rose die Haut ritzen kann, werden mit »reizen« auch im übertragenen Sinn Wirkungen wie »herausfordern«, »in Erregung versetzen«, »aufhetzen« gemeint, die in der deutschen Alltagssprache an den Adjektiven »gereizt« als negative und »reizend« auch als positive, »Wohlgefallen erweckende« Wirkung verstanden werden. Der Liebreiz und der Brechreiz sind beide gebunden an die Reizbarkeit eines betroffenen Lebewesens.

Mehrdeutig ist die Wortverwendung von »Reiz« insofern, als bereits in der psychologischen Literatur einerseits der äußere Gegenstand (wie der Dorn an der Rose), andererseits der Vorgang, das heißt die Wechselwirkung mit der reizbaren Oberfläche des Lebewesens, damit bezeichnet werden. Hinzu kommt noch die häufig an Substantiven für Vorgänge zu beobachtende Erweiterung – man vergleiche z. B. »Arbeit« als Tätigkeit und »Arbeit« als Ergebnis –, daß ein und dasselbe Wort neben dem Vorgang dessen Ergebnis, hier also den Zustand des Gereiztseins als Ergebnis des Reizens, bezeichnet. Gegenstand und Vorgang sind aber insofern auseinanderzuhalten, als z. B. ein Lichtblitz als äußeres Ereignis ein Reiz nur für eine lichtempfindliche Zelle sein kann. Die spezifische Reizbarkeit eines Lebewesens entscheidet also darüber, ob Vorgänge oder gar Dinge der Außenwelt »Reize« sind. Sprachlogisch gesprochen, ist »Reiz« immer ein dreistelliger Prädikator: »x ist ein Reiz für y bezüglich K«, wo K das Kriterium des Reizes nennt, also etwa »mechanisch«, »elektrisch«, »thermisch«, »optisch« usw.

Die Begriffsgeschichte von Reiz und Reaktion erinnert an die Philosophie von René Descartes und an seine Lehre von den zwei Substanzen, der *res extensa* (der ausgedehnten Körperwelt) und der *res cogitans* (dem Geist). Da Descartes nämlich alle Wirkausbreitungen einschließlich der optischen in einem plenistischen (von lateinisch *plenum*, »voll«) Weltmodell auf Druck und Stoß ausgedehnter Materie zurückführen wollte, wird auch der optische Reiz auf die Netzhaut in einem direkten, nicht metaphorischen Sinne vergleichbar mit dem mechanischen Ritzen der Haut durch einen Dorn. Für den modernen, nachcartesischen Naturwissenschaftler heißt dies, daß er immer explizit den Wirkmechanismus angeben und experimentell belegen muß, also etwa mechanischen Druck wie beim Gehör oder elektrische, chemische und eventuell andere Wechselwirkungen. Dies ist selbstverständlich der Fall, wo es um Funktionen in und zwischen Nervenzellen geht.

Verschaltungen

Die Entwicklung des menschlichen Gehirns im Fetus, bei der sich in gewissen Stadien pro Minute Hunderttausende von neuen Nervenzellen bilden, ist eine große Herausforderung für die naturwissenschaftliche Forschung. »Man weiß bis heute nur wenig über die zellulären Vorgänge, die zu seiner Gliederung und zur Entstehung der in ihm herrschenden Verknüpfungen führen«, heißt es in einem naturwissenschaftlichen Text über die Entwicklung des Gehirns. Die Frage, wie einzelne Zellen ihre Plätze finden und miteinander so in Verbindung treten, daß die für das menschliche Gehirn charakteristischen Strukturen und Leitungsbahnen entstehen, ist insbesondere eine Herausforderung an die Genetik: Gibt es dafür einen Bauplan im Genom, oder ist dieser überflüssig, weil das Wachstum des Gehirns im Embryonalstadium ein sich selbst organisierender Prozeß ist? Diese Frage kann hier nicht weiter verfolgt werden. Wichtig ist dagegen, daß hierbei die Metapher von der »Verschaltung« der Neurone auftritt.

Auf den ersten Blick wird hier die Rede der Elektriker als Objektsprache geführt, die von Schaltplänen mit Leitungen, Verdrahtungen und weiteren Komponenten handelt. Dazu ist zweierlei zu beachten: Erstens ist dies selbstverständlich eine metaphorische Rede, weil damit ja eine Übertragung aus dem Bereich einer zweckgerichteten, handwerklich-technischen Erzeugungspraxis von Artefakten auf natürliche Objekte wie Zellen und ihre Fortsätze stattfindet. Diese Metaphorik hat ihre Grenzen, nicht nur weil sich elektrische Geräte nicht selbst dauernd umstrukturieren.

Zum zweiten, und dies dürfte Hirnforschern weniger präsent sein, ist bereits die Rede von Strom, Spannung, Leitungen, Schaltern usw. in der Physik selbst eine metaphorische Rede. Was hat z. B. der elektrische Schalter mit dem Bankschalter zu tun? Ursprünglich bedeutet »Schalter« soviel wie »Schleuse«: Man setzt in einen Bachlauf durch Einschieben einer Platte ein Hindernis, um das Wasser aufzustauen. In den heute nur noch im Kino zu sehenden Post- und Bankschaltern des 19. und frühen 20. Jahrhunderts wird ebenfalls ein Schiebeladen (zum Unterbrechen des Publikumsverkehrs) eingesetzt. Das heißt, der Schalter verweist auf die Metapher des Strömens einer Flüssigkeit, wo es um elektrischen Strom geht. Sogar die ältere Form des Drehschalters für die elektrische Beleuchtung von Bürgerhäusern, heute durch einfachere Kippschalter ersetzt, sollte die Drehventile der Gasbeleuchtungen nachahmen.

Das spielt genau dann eine Rolle, wenn keine Strömung eines flüssigen oder gasförmigen Mediums, sondern der einzelne Ladungsträger und seine Bewegung in elektrischen Feldern betrachtet werden. Wichtig ist die elektrotechnische Metaphorik insofern, als sie die Assoziation befördert, die Hirnforschung fände Schaltpläne im Gehirn heraus. So war das inzwischen längst aufgegebene Rezept des sogenannten »Großmutterneurons« als des letzten Schalters, dessen Umlegen das Erkennen der eigenen Großmutter bedeutet, an der Vorstellung eines Schaltplans nach dem Vorbild eines Festnetzes für das Telefonieren orientiert. Aber von »Schalter umlegen« oder ähnlichem sprechen Hirnforscher heute dennoch ohne Zögern.

In Kapitel 4 wird ein Blick auf die parasprachliche Behauptung zu werfen sein, wonach wir Menschen von Natur aus »neuronal verschaltet« seien, was die Kaskaden durchlaufender elektrischer Impulse genauso festlege wie ein Leitungsnetz nach einem bestimmten Schaltplan. Metaphern sind immer gefährlich, weil sie auch stillschweigende Botschaften transportieren – wie die von der Festlegung unserer hirngesteuerten Handlungsweisen.

Steuern und Regeln

Ein seiner Herkunft nach anderes Sprachspiel bedient sich geläufiger Unterscheidungen der Kybernetik. Kybernetik, vom griechischen *kybernētēs*, »Steuermann«, abgeleitet, bezeichnet die Theorie des Steuerns und Regelns. Sie ist primär genauso wie die Elektrotechnik eine Theorie zur Konstruktion und Funktion von Maschinen, auch wenn diese dann als Modelle natürlicher Systeme verwendet werden. Der bekannte Klassiker der Kybernetik ist der Regelkreis, wie er bis in das Alltagsleben hinein heute etwa an einer thermostatgesteuerten Heizung zu finden ist und als solcher auch die Homöostase (»Konstanthaltung«) der Körpertemperatur des Menschen modelliert.

Steuern und Regeln sind primär menschliche Tätigkeiten. Der Steuermann eines Segelschiffes, der die herrschenden Winde und Strömungen nutzen muß, um sein Ziel zu erreichen, handelt. Er handelt so, daß seine Eingriffe in die Stellung von Segeln und Steuerruder ein Mittel sind, sich dem Ziel der Reise zu nähern. Diese Handlungen bestehen in genauer Beobachtung der Verhältnisse und in Korrekturen, sind also kybernetisch betrachtet Rückkopplungsprozesse innerhalb eines insgesamt zielgerichteten Vorgangs.

Auch das Regeln ist eine zielgerichtete Handlung, etwa exemplifizierbar an der Tätigkeit der Vestalinnen, die ein heiliges Feuer zu hüten hatten. Die richtige Zufuhr von Brennmaterial und Luft unterhält das Feuer im gewünschten Umfang.

Die Tätigkeiten des Steuerns und Regelns sind kybernetisch dem Menschen vielfach und erfolgreich durch Maschinen abgenommen worden. Der Autopilot im Flugzeug und, historisch, schon der Fliehkraftregler an der Dampfmaschine von James Watt sind bekannte Beispiele für Regler. Diese Substitution des Menschen stößt prinzipiell lediglich an moralische, rechtliche oder politische Grenzen, wo es zur Verwischung der Verantwortlichkeiten kommt. Ein technisch möglicher Autopilot für Lastwagen darf nur so weit eingesetzt werden, als klar erkennbar bleibt, wer bei einem Verkehrsunfall die Schuld trägt. Im großen Maßstab ist dies auch das Kernproblem eines automatisierten Raketenabwehrschildes, wie er während der Präsidentschaft von Ronald Reagan in den USA geplant wurde.

Die metaphorische Verwendung der Kybernetik in der Objektsprache für die Funktion von Nervenzellen hat eine wenig beachtete, erkenntnistheoretische Pointe: Steuern und Regeln, als Handlung wie als Funktion einer Maschine, sind *zielgerichtet*. Ihre Beschreibung kann *nur als Mittel für diese Ziele* gefaßt werden. Das heißt nicht, daß zielverfolgende Maschinen aus dem Schema physikalischer Kausalerklärungen herausfallen würden. Es heißt aber, daß der Konstrukteur einer kybernetischen Maschine *methodisch im ersten Schritt* Ziele und Zwecke setzen oder kennen muß, um im zweiten Schritt geeignete Mittel dafür in seiner Konstruktion vorzusehen. Zu diesen Mitteln gehört sein Wissen über Kausalwirkungen, etwa wie sich über Zahnradpaare und deren Übersetzungsverhältnis Bewegungen und Kräfte durch die Maschine fortpflanzen.

Werden nun lebende Systeme und Teilsysteme kybernetisch beschrieben, muß der Neurowissenschaftler diese Ziele und Zwecke deshalb ausdrücklich nennen und seinen Benennungen einen operationalen oder empirischen Aufweis an die Seite stellen, sonst bleibt seine kybernetische Metaphorik unterbestimmt und damit unprüfbar. Das heißt insbesondere, daß in kybernetischen Modellen und ihrer Anwendung in der Hirnforschung die Zweck-Mittel-Unterscheidung verwendet wird – was folgenreich für das Verständnis der Hirnforschung wird. Sollte etwa die neuronale Verarbeitung visueller Wahrnehmung modelliert und dabei der konstruktive Anteil berücksichtigt werden, mit dem wir das Gesehene in ein »apriorisches« (angeborenes oder erworbenes) Raster einordnen, so muß zum Beispiel schon ein solches dreidimensionales Raster vorgegeben werden. Hier muß der Hirnforscher also eine Theorie des Anschauungsraumes zur Verfügung haben, die als Funktionszweck dem räumlichen Sehen zugrunde liegt. Sie kann nicht selbst wieder aus der Modellierung der Hirnfunktionen gewonnen sein.

Signal, Nachricht, Information

Die größte Verbreitung in der objektsprachlichen Rede von neuronalen Funktionen hat jedoch die nachrichtentechnische Metaphorik. Sie ist so gut wie überall anzutreffen, wenn es innerhalb und zwischen den Neuronen Wirkausbreitungen zu beschreiben gilt. Ladungsverschiebungen im Axon oder die Bewegung von Transmittersubstanzen an Synapsen werden ohne Zögern als Signal oder Nachricht bezeichnet.

Historisch wie systematisch steht im Hintergrund dieser Sprechweisen eine mathematische Theorie, die ihren Ursprung in der Lösung ingenieurwissenschaftlicher Probleme der Nachrichtenübertragung durch Telefonleitungen und Überseekabel hatte. Die sogenannte »mathematische Theorie der Information« von Claude Shannon und Warren Weaver (1949), im Originaltitel als »a mathematical theory of communication« bezeichnet, ist die weitaus bekannteste Grundlage der gängigen Sprache der Nachrichtentechnik.

Sie hat, in der philosophischen Tradition des Logischen Empirismus stehend und damit einer sehr eingeschränkten Auffassung von Sprache verpflichtet, ein technisch und informationstheoretisch äußerst erfolgreiches Modell der technischen Mittel angegeben, menschliche Kommunikation durch Raum und Zeit zu transportieren. Analog zur Verschriftung des gesprochenen Wortes, die über Schreiben und Lesen den Transport einer Nachricht durch Raum und Zeit erlaubt, dienen Maschinen wie Tonbandgerät und Telefon der Überwindung großer zeitlicher und räumlicher Distanzen.

Leider hat diese Theorie weit mehr versprochen, als sie hält, und sie ist zur Quelle einer zeit- und weltumspannenden Verwirrung geworden. Diese Verwirrung steht auch noch in engster Verbindung zu den Kernproblemen der Hirnforschung. Denn das dort vielfach wirksame Körper-Geist-Problem ist auch das Grundproblem der Kommunikations- bzw. Informationstheorie von Shannon und Weaver. Die Theorie beherrscht nämlich, entgegen ihrem Selbstverständnis, nur den Signaltransport über die drei technischen Komponenten einer Codierungsmaschine, eines Übertragungskanals und einer Decodierungsmaschine, nicht aber die Übergänge von einer sinnvollen Nachricht zu einer sinnfreien physikalischen Struktur und umgekehrt. Im Modell dieser Theorie sind hierfür zwei weitere technische Komponenten, nämlich Nachrichtenquelle und Nachrichtensenke, vorgesehen, aber nicht adäquat behandelt.[6]

Im anschaulichen Beispiel: Das Mikrofon eines Telefons zusammen mit einem Verstärker transformiert (»codiert«) die auftreffenden Schallwellen, also physikalisch gesprochen, Luftdruckschwankungen, in strukturähnliche Schwankungen etwa der elektrischen Spannung. Diese zeitlichen Strukturen werden über einen Draht oder einen Funkkanal zur Decodiermaschine transportiert, wo sie über einen physikalischen Transformator und einen Lautsprecher wieder in Luftdruckschwankungen, also Schallwellen, transformiert (»decodiert«) werden. Das technische, heute bestens beherrschte Problem besteht darin, die bei diesen Prozessen auftretenden Störungen und Verzerrungen so zu vermeiden oder zu filtern, daß die empfängerseitige der senderseitigen Struktur hinreichend ähnlich ist, um »verstanden« zu werden. Was »verstehen« (nämlich einer sinnvollen Nachricht) heißt und wie das Verstehen kontrolliert wird, bleibt in diesem Modell jedoch ungeklärt.

Sofern von diesem Ansatz nicht mehr verlangt wird als ein hinreichend störungsarmer Transport von zeitlichen Strukturen physikalisch beherrschter Parameter, ist nichts dagegen einzuwenden. Die großen, uneingelösten Versprechungen liegen in der ungeklärten Metaphorik, in diesem Zusammenhang die Wörter »Nachricht«, »Signal«, »Information«, »Sender«, »Empfänger«, »Verstehen« und andere zu verwenden. Das tatsächlich gelöste Problem betrifft nämlich nur eine »syntaktische« Maschine (von griechisch *syntattein*, »zusammenordnen«). Die eingegebenen und ausgegebenen Muster des Dreikomponentensystems von der Codier- bis zur Decodiermaschine müssen hinreichend gut »zusammengeordnet« sein, um eine gute Übertragung von Mustern von Raum und Zeit zu gewährleisten. Keine Rolle spielt es dagegen, ob diese zeitlichen Muster z. B. gesprochene, sinnvolle menschliche Rede ist, die der Sender, im ursprünglichen Wortsinne der Absender eines Briefes, dem Empfänger mitteilen möchte. Selbstverständlich funktioniert die syntaktische Maschine für beliebige Geräusche von der Musik bis zu irgendwelchem Lärm.

Nachrichten jedoch haben, salopp gesagt, einen »Inhalt«, eine »Bedeutung«, und hängen von der »Absicht« des Sprechers oder Senders ab. Hier sei an Kapitel 2 über das Sprechen als vernünftiges Handeln erinnert. Sprechen ist primär Kommunizieren und in seinen unterschiedlichen Typen der Kommunikation, den obengenannten Sprechakttypen, an das Verständnis durch den Adressaten gebunden. Nur im Hin und Her des Rollentauschs zwischen Sprecher und Hörer können diese beiden im günstigen Falle gemeinsam feststellen, ob ihre Sprechakte gelungen und erfolgreich sind.

Auch Signale (von lateinisch *signum*, »Zeichen«) und Zeichen haben eine Bedeutung und sind an die Absicht einer Person gebunden, einer anderen Person etwas zu »bedeuten« im Sinne von »auffordern, eine Aufforderung anzeigen« (›Sie bedeutete ihm aufzustehen.‹). Man kann sich dies selbst an einem Wegweiser oder an einem Signal bei der Bahn veranschaulichen. Sie haben einen Sinn nur zwischen Sender und Empfänger, zwischen dem Ortskundigen und dem Ortsunkundigen beim Wegweiser, zwischen der Leitstelle und dem Lokführer bei der Bahn.

Die in die Objektsprache der Hirnforschung übernommene Begrifflichkeit der Shannon-Weaver-Theorie wird dagegen als syntaktische Theorie der Information oder Kommunikation dem Charakter von Nachrichten, Signalen, sinnvoller Rede usw. nicht gerecht. Sie hat keine Kriterien und kein Instrumentarium für Bedeutung und Geltung. Sprachphilosophisch gesehen kann eine syntaktische Maschine keine Semantik verarbeiten, anschaulich in Alltagssprache formuliert, keine sprachlichen Nachrichten »verstehen«. Und Geltung kann bestenfalls als syntaktische, das heißt als formallogische oder tautologische Äquivalenz mit einer syntaktischen Maschine beherrscht werden. Die vielen anderen Typen von Wahrheit dagegen sind nicht beherrschbar. Insbesondere kann syntaktisch kein Wirklichkeitsbezug maschinell verarbeiteter Nachrichten hergestellt werden. Laien, die sagen, ihr Computer sei dumm, haben recht, und man hat deshalb auf die entsprechenden Metaphern in der Hirnforschung zu achten.

Hier schlägt sich nieder, daß schon das Wort Information bis auf seine lateinischen Wurzeln zurück doppeldeutig war und bis heute geblieben ist. Im klassischen Latein bedeutet *informatio* sowohl die Formung eines Schildes (bei Vitruv) als auch den Inhalt eines gesprochenen Satzes (bei Cicero). In dieser lateinischen Sprache hat Descartes, historisch höchst einflußreich, seine Schrift über die Existenz Gottes und den Unterschied von Körper und Geist verfaßt. Dort heißt es sinngemäß, daß der von der Netzhaut kommende Nervenreiz als Druck den entsprechenden Hirnteil »informiert«, also sich als räumliche Verformung einprägt (»[...] in illam cerebri partem [...] informant«). Wir sprechen heute also immer noch »cartesisch«, wenn wir die räumlichen Metaphern »einprägen« und »Eindruck machen« für geistige Prozesse verwenden.

Auch in der heutigen Alltagssprache verwenden wir »Information« in zweifacher Bedeutung. Einerseits sagen wir von einer Fahrplanauskunft, wir beschafften uns eine Information. Dabei sind wir selbstverständlich daran interessiert, daß diese »Information« verstehbar und richtig ist. Information hat hier also sprachliche Bedeutung und Geltung. Andererseits diskutieren wir, ob Informationsspeicherung von klassischer Musik analog auf Schallplatte oder digital auf CD besser für eine authentische Wiedergabe ist. Hier haben die gespeicherten »Informationen« weder sprachliche Bedeutung noch Geltung. Sie sind nur physikalisch beschriebene, akustische Strukturen.

Warum sollte nun die nachrichtentechnische Sprache als physiologische Objektsprache für die Funktion von Neuronen Schwierigkeiten bereiten? Die Elektrizitätslehre der Physiker kommt ja auch mit der Strömungsmetaphorik problemlos zurecht. Die Antwort ist eine dreifache, denn die metaphorische Rede von Nervensignalen, Nachrichten, kommunizierenden Neuronen usw. ist (1) als Metapher falsch und (2) redundant (überflüssig), und sie zieht (3) ein falsches Verständnis der Hirnforschung nach sich.

Der erste Fehler liegt darin, raumzeitliche Strukturen physikalisch-technisch beherrschter Qualitäten »Nachricht« oder »Information« zu nennen, weil sie dies immer nur relativ zu einem Autor und einem Adressaten sein können. Und dabei sind Nachrichten, Informationen, also »Kommunikate«, in ihrer Verstehbarkeit auch noch darauf angewiesen, daß Autor und

Adressat miteinander kommunizieren, das heißt im Hin und Her des Rollenwechsels von Sprecher und Hörer kontrollieren können, ob sie sich verstanden haben und ob sie die jeweilige Nachricht anerkennen. Auch die Rinde eines Baums, ein Stück Leder oder ein Rasen, ein strömender Bach oder ein bewölkter Himmel sind raumzeitlich strukturiert. Aber sie enthalten keine Nachricht oder Information. Als Naturgegenstände sind sie, wie sie sind, und nichts an ihnen kann sinnvoll oder sinnlos, wahr oder falsch sein vergleichbar einer sprachlichen Äußerung. Auch wenn ein Förster, Gerber, Gärtner, Hydrodynamiker oder Meteorologe aus den genannten Strukturen etwas erkennen kann, ist er es, der seine Fragen und Kriterien an die Naturobjekte heranträgt und dadurch Informationen erzeugt. Die neurophysiologischen Beschreibungen angeblich »kommunizierender« Neurone, verstärkter oder inhibierter »Nervensignale«, »informationsverarbeitender« Mechanismen im Axon usw. bedienen sich also einer *falschen Metapher*.

Diese ist zweitens auch noch *redundant*, das heißt, sie besagt über die physikalisch-chemische kausale Beschreibung hinaus nichts, insbesondere liefert sie keine »Information«. Alles, was die nachrichtentechnische Diktion in Anwendung auf Nervenzellen zustande bringt, läßt sich auch in der üblichen Terminologie der Physiker und Chemiker sagen.

Der metaphorische Gebrauch der nachrichtentechnischen Sprache ist freilich den Naturwissenschaftlern derart in Fleisch und Blut übergegangen, daß eine Kritik daran erfahrungsgemäß auf Unverständnis stößt. Deshalb soll der genannte Fehler noch einmal, an einem anderen Beispiel, erläutert werden. Dieses Argument soll verdeutlichen, daß nicht die Verwendung einer metaphorischen Sprache überhaupt beanstandet wird, sondern nur die Unangemessenheit der verwendeten Metaphern.

Der nachrichtentechnische Sprachbereich, aus dem die Metaphern genommen sind, ist nur sinnvoll für einen Gegenstand, der sprachliche Bedeutung und Geltung hat. Und genau dieser Aspekt wird bei der informationstheoretischen Metaphorisierung physikalisch-chemischer Kausalbehauptungen ignoriert: Ein Nerven-»Signal«, das durch ein Axon läuft, kann weder verstanden noch mißverstanden werden wie ein Wegweiser oder ein Eisenbahnsignal, noch kann es ungültig oder falsch sein wie der verdrehte Wegweiser oder das falsch verpolte Lichtsignal bei der Eisenbahn. Was aber nicht falsch sein kann, kann auch nicht wahr sein.

Der vermeintliche Gewinn an Kürze und Klarheit, der bei einer Ersetzung der physikalisch-chemischen Kausalbeschreibungen durch die Rede von Signal, Nachricht, Information und Kommunikation erzielt wird, wird mehr als aufgewogen durch den Nachteil einer falschen Zuschreibung neuronaler Funktionen. Weder das Neuron noch Systeme von Neuronen sind Autoren oder Agenten, die sich an Adressaten wenden. Diese Aussage selbst bezieht ihre Geltung aus den eingesetzten sprachlichen Mitteln von Physik, Chemie, Anatomie und Physiologie. Sicher werden in Zellen und Zellverbänden Vorgänge erforscht, die andere, reichere begriffliche Mittel erfordern als anorganische Prozesse oder das natürliche Fließen von Wasser. Aber es gibt keinen wissenschaftlichen oder philosophischen Grund, diesen Vorgängen, weil lebendig, die Kernqualität der menschlichen Kulturleistung »Sprache« zuzuschreiben.

Der dritte Einwand lautet, daß die nachrichtentechnische Metaphorik in der Neurowissenschaft die Grenzen zu einem zentralen Anliegen der Hirnforschung verwischt: Niemand bestreitet, daß sprachliche Kommunikation zwischen zwei Menschen nur unter reger Hirntätigkeit beider Agenten stattfinden kann. Aber sprachliche Bedeutung und Geltung in dieser Kommunikation kann sich *nur an den Sprachgegenständen selbst* zeigen. Hier kommunizieren keine Gehirne, sondern Personen interagieren, und zwar in einer Sprache, die allemal z. B. eine »natürliche« im Sinne einer historisch gewachsenen Nationalsprache ist. Wenn also ein Hirnforscher den Anspruch erhebt, »letztlich« müßten Bedeutung und Geltung sprachlicher Kommunikation aus neuronalen Funktionen erklärt werden, die selbst schon Bedeutung und Geltung haben, verkauft er eine Mogelpackung. Er erschleicht sich die Einlösung seines Anspruchs dadurch, daß er bereits den materiellen Bausteinen seiner Gehirnmodelle Qualitäten sinnvoller Rede zuschreibt.

Dieser Fehler ist analog dem, die Rechenleistung einer mechanischen, richtige Ergebnisse liefernden Rechenmaschine kausal dadurch erklären zu wollen, daß eben schon jedes einzelne Zahnrad richtig rechnen kann. Das ist aber falsch. Erst im zweckmäßigen Zusammenwirken der Komponenten der Rechenmaschine wird der Zweck richtiger Ergebnisse realisiert. Im Vorgriff auf Kapitel 5 über Metasprachen und Methoden sei hier die Lösung für dieses Problem angedeutet: Die Gültigkeit von Rechenergebnissen ist der menschlich gesetzte Zweck für Konstruktion und Gebrauch einer Rechenmaschine. Die Maschine ist in Erfindung, Konstruktion und Herstellung sowie in einer kompetenten Verwendung ein Mittel für diesen Zweck. Entsprechend sind die Verhältnisse physiologisch erfaßter Funktionen von Neuronen und die kognitiven Leistungen von Personen als Mittel-Zweck-Relation zu modellieren – aber eben nicht auf der Objekt-, sondern auf der Objekt*sprach*ebene. Das heißt, Zweckrationalität ist keine Qualität des neuronalen Apparats, sondern muß sich als Mittel-Zweck-Verhältnis entsprechender Beschreibungen durch die Wissenschaft zeigen.

Drastisch formuliert, liegt der klassische Fehler in der naturwissenschaftlichen Orientierung von Hirnforschern wieder einmal in ihrer Sprachvergessenheit, pointiert im Reflexionsdefizit, nicht über die eigene Sprache zu sprechen. Sie vergessen nämlich an dieser Stelle, daß sie ja *Beschreibungen* neuronaler Vorgänge mit *Beschreibungen* sprachlicher oder kognitiver Leistungen von Personen ins Verhältnis setzen. Soweit dieser Vorgriff auf die Metasprache der Hirnforschung.

Nebenbei erwähnt sei, daß der aktiv doppeldeutige Gebrauch des Wortes »Information« auch in der Fortpflanzungsphysiologie, genauer in der Molekulargenetik ein Pendant hat: Die »Erbinformation«, die sich im Genom findet und bei zweigeschlechtlicher Fortpflanzung nach dem »Zentralen Dogma« der Molekularbiologie (so heißt es tatsächlich!) über die Vorgänge des Codierens, Transkribierens und Translatierens weitergegeben wird, ist vermengt mit einem Informationsbegriff, der etwa die informationelle Selbstbestimmung eines Patienten bezüglich eines schweren Gen-Defekts mit eventuell tödlichen Krankheitsfolgen betrifft. Auch hier entsteht leicht eine folgenreiche Mogelpackung: Die »Information« in der Molekülstruktur des Genoms geht sozusagen kontinuierlich in die Auskunft des Arztes an den Patienten über. Aber auch hier gilt, daß sprechende Menschen Mißverständnissen und Irrtümern ausgesetzt sind, während Strukturen und Funktionen im Genom eben so sind, wie sie sind, ohne Sinn und Geltung.

Evolution I

Ein völlig anderes Sprachspiel findet Eingang in die neurowissenschaftliche Objektsprache, wo die Rede von Hirnstrukturen auf Evolutionstheorien zugreift. Die Unterscheidung von Hirnteilen wie Neocortex, Hippocampus, Streifenkörper, Thalamus, Hypothalamus, Mittelhirn, Hinterhirn usw. wird bezogen einerseits auf die embryonale Entwicklung des einzelnen Individuums, andererseits auf die Naturgeschichte der menschlichen Gattung.

Auf die Embryonalentwicklung des Gehirns kann hier leider sowenig eingegangen werden wie auf nachgeburtliche Entwicklung, Bildung und Verlust neuer Zellverbindungen, Zelltod und Altersabbau. Damit muß, aus Umfangsgründen, auch eine sprachkritische Diskussion des *Lernens* ausgespart bleiben. Dies ist um so bedauerlicher, als schon die Alltagssprache mit den Wörtern »Lernen«, »Üben«, »Erfahren« u. a. über eine breite Palette von Unterscheidungen verfügt, die in der experimentellen und in der geisteswissenschaftlichen Psychologie noch um ein Vielfaches an Differenzierungen übertroffen wird. Eine Sprachkritik dieses Bereichs hätte zu klären, welche Aspekte des Lernens, des Gedächtnisses und der Erinnerung an die Rolle des Menschen als Gemeinschaftswesen gebunden sind und welche autonom in Individuen ablaufen oder gar natürliche Begleitumstände des Alterungsprozesses sind. Die Sprachkritik hätte auf Kultur- und Sprachabhängigkeiten des Lernens ebenso einzugehen wie auf Modelle der Entwicklungspsychologie, in denen die geistige Entwicklung des Individuums in Abfolgen von Stufen oder Stadien vertreten wird wie bei Jean Piaget. Diese ganze Debatte hätte, kritisch gegenüber der sprachlichen Naturalisierung des Menschen, die spezifisch menschliche Form des Lernens von Menschen unter Menschen zu berücksichtigen und damit eine klar begründete Trennlinie zwischen Mensch und Tier zu ziehen. Hier muß das Lernen als Gegenstand der Sprachkritik leider ausgespart bleiben, obwohl Hirnforscher sehr salopp auch einzelnen Neuronen oder Ensembles von Neuronen ein »Lernen« zusprechen.

Bei Unterscheidungen, die aus der Evolutionsbiologie in die Neurophysiologie übernommen werden, stehen von Anfang an nicht Individuen und ihre Lerngeschichten, sondern der Typ Mensch und damit sozusagen der Konstruktionsplan »des« Gehirns zur Debatte. Das evolutionäre Sprachspiel macht Ernst mit der Eingliederung des Menschen in das Tierreich, wie sie seit Charles Darwin zur Grundhaltung der biologischen Wissenschaften geworden ist.

Hier greift der heute gern zitierte Grundsatz von Theodosius Dobzhansky, daß »nichts in der Biologie Sinn gäbe, außer im Lichte der Evolution«. Alles, was eine aktuelle Neurophysiologie zutage fördern könne, sei in Struktur und Funktion letztlich ein Evolutionsprodukt. Diese evolutionäre Perspektive betrachtet das Reich des Lebendigen insgesamt als taxonomisches System, das eine Naturgeschichte durchläuft. In diesem kontinuierlich-natürlichen, das heißt ohne Eingriffe von Göttern ablaufenden Naturgeschehen taucht auch irgendwann und irgendwo der Mensch auf. Er wird in evolutionsbiologischer Beschreibung als Taxon, das heißt als Einteilungskategorie, geführt und z. B. genetisch mit seinen nächsten Abstammungsverwandten verglichen.

So legitim und fruchtbar diese evolutionsbiologische Perspektive für ihre eigenen Anliegen ist, so dramatisch ist aber auch, daß sie keine Kriterien für die Unterscheidung von Mensch und Tier liefern kann, die nicht schon vorab für die Biologie vorgegeben werden und aus unserem heutigen Verständnis des Menschen kommen, also prinzipiell nicht »biologisch«, sondern kultürlich sind. Wenn es also um neurobiologische Erklärungen zum Gehirn geht, die mit dem evolutionsbiologischen Alter argumentieren, ist der Blick auf den Menschen als Tier programmatisch schon vorgegeben. Bei den zu erklärenden Leistungen ist dies aber gerade anders; sie sind kultürlich.

Mensch und Tier

Unsere heutige Mensch-Tier-Unterscheidungspraxis erlebt gerade eine große Verwirrungsgeschichte. Öffentlich stehen sich kulturalistische und naturalistische Auffassungen unversöhnlich, ja unvermittelbar gegenüber. Im Alltag sind wir, einschließlich aller Hirnforscher, Biologen und Naturalisten, moralisch, rechtlich und politisch zur Unterscheidung von Tier und Mensch verpflichtet. Wer einen Hund oder ein Rind kauft oder verkauft, handelt nicht wie ein Sklavenhändler, der einen Menschen kauft oder verkauft. Es gilt als Kulturleistung, daß die Sklaverei abgeschafft ist. Verursacht ein Tier einen Verkehrsunfall, wird nicht das Tier, sondern der Tierhalter zur Verantwortung gezogen. Bei Katastrophen wie Überschwemmungen oder Großbränden werden zuerst Menschenleben, dann Tiere, dann unbelebte Sachen gerettet. Und wenn ein Richter Mißhandlungen eines Kindes nach dem Tierschutzgesetz beurteilen wollte, würde er einen Skandal provozieren. Solche und weitere Unterschiede zu machen ist Teil der Kulturhöhe, die in Mitteleuropa erreicht wurde.

Gleichzeitig sprechen nicht nur Biologen, sondern sogar naturwissenschaftsgläubige Philosophen und Theologen von »Menschen und anderen Tieren«, machen sich also gedankenlos die evolutionsbiologische Perspektive zu eigen. Daß diese innerhalb der Biologie, also für biologische Erkenntniszwecke sinnvoll ist, wurde bereits gesagt. Man muß aber fragen, wo sie in der Hirnforschung am Menschen sinnvoll ist, und wenn ja, aus welchen Gründen. Die bloße Bekundung »ich als Biologe ...« liefert keine Begründung.

Wenn Hirnforscher behaupten, das Gehirn sei ein Organ, dessen Struktur und Funktion ein Produkt einer naturgeschichtlichen Anpassung im Überlebenskampf darstellt, in dem die Aufgabe »das Gehirn erforscht das Gehirn« nicht vorkomme und deshalb eventuell auf unlösbare Probleme führe, so ist natürlich zuerst die Konsistenzfrage zu stellen: Welches Evolutionsgeschehen hat denn unseren wackeren Hirnforscher oder Neurophilosophen befähigt, ebendieses nun seinerseits festzustellen? Wer kann aus evolutionären Gründen so klug sein, daß er den Menschen aus evolutionären Gründen als zu dumm für zutreffende Selbsterkenntnis halten kann?

Vielleicht durch dieses Beispiel zur Vorsicht gemahnt, darf man die Frage aufwerfen, ob nicht schon die sprachlichen Mittel der evolutionsbiologischen Beschreibung des Gehirns, wie sie einerseits in Lehrbüchern, andererseits in den Erläuterungen für die Laien stehen, nicht selbst schon eine Riesenphilosophie, eine gigantische Weltbild- und Weltanschauungsinvestition sind, aber wenig mit empirischer Naturwissenschaft zu tun haben. Was heißt dies für das Sprachspiel der Neurowissenschaften?

Nimmt man hier das Lehrbuchwissen über die Architektur des Gehirns zu Hilfe, findet man neben den Darstellungen der Individualentwicklung von der Zygote bis zur Geburt oder zum adoleszenten Menschen die Entwicklungsgeschichte der Hirnformen. Damit soll nicht angespielt sein auf Ernst Haeckels »Biogenetisches Grundgesetz«, wonach sich in der Embryonalentwicklung Grundzüge des Gangs der Naturgeschichte wiederholen. Es soll vielmehr angespielt werden auf die morphologischen Methoden und Vergleiche der Hirnformen im großen sowie der groben Einteilung in funktionell verschiedene Hirnteile. Dazu ein Lehrbuchzitat:

> Die Formentwicklung des menschlichen Gehirns können wir anhand von Ausgüssen fossiler Schädelinnenräume verfolgen. Das Positiv der Schädelhöhle stellt eine grobe Wiedergabe der Hirnform dar. Beim Vergleich der Ausgüsse fällt die Vergrößerung des Frontal- und des Temporallappens auf. Während die Veränderung vom homo pekinensis über den Neandertaler [...] bis zum Cro-Magnon [...] deutlich ist, findet man beim Cro-Magnon und dem heutigen Menschen keine nennenswerten Unterschiede mehr.
>
> *Während der Phylogenese und der Ontogenese* [Hervorhebung P. J.] entwickeln sich die einzelnen Hirnabschnitte zu unterschiedlicher Zeit. Die Teile, die den elementaren vitalen Funktionen dienen, entwickeln sich früh und sind schon bei den primitiven Vertebraten ausgebildet. Die Abschnitte für die höheren, differenzierten Leistungen entfalten sich erst spät bei den höheren Säugetieren. Sie drängen während ihrer Ausdehnung die früh entwickelten Hirnteile in die Tiefe und wölben sich nach außen vor; sie prominieren.
>
> Durch den Wachstumsdruck der prominierenden Bezirke entsteht an der Innenfläche des knöchernen Schädels ein Negativ: den Hirnwindungen [...] entsprechen am Schädel die Impressionen [...], die immer über den Hirnbezirken auftreten, die sich während der Evolution in einer progressiven Entwicklungsphase befinden. Beim heutigen Menschen finden wir besonders ausgeprägte Impressionen an der Schädelbasis. Sie imprimieren sich die basalen Windungen des Frontal- und Temporallappens, die vom basalen

> Neocortex bedeckt sind. Der basale Neocortex ist ein sehr spät entwickelter Rindenbezirk, der nur beim Menschen voll ausgebildet ist und dessen Schädigung zu schweren Veränderungen von Persönlichkeit und Charakter führt. Es scheint also denkbar, daß die Evolution des menschlichen Gehirns noch nicht abgeschlossen ist, und daß ein Fortgang am ehesten den basalen Neocortex betrifft, [...] an den spezifisch menschliche Eigenschaften gebunden sind.[7]

Hier finden sich also Aussagen über die Hirnform des heutigen Menschen in engster Verknüpfung mit evolutionsbiologischen Aspekten. Veranschaulicht wird diese Formentwicklung durch drei Gruppen von Bildern, deren erste die Hirne von Frosch, Krokodil, Igel und Halbaffe (Galago) zeigen, während die zweite Reihe Gorilla, Neandertaler, Homo pekinensis und Cro-Magnon und die dritte Reihe den Schädelausguß eines heutigen Menschen darstellen. Die eindrucksvolle Anschaulichkeit solcher Bildreihen von Entwicklungsformen des Gehirns suggeriert einen Fehler. Sie führt, in der Hirnforschung gängig und selbst prominenten Evolutionsbiologen unterlaufend, zur Vermengung von Naturgeschichtsschreibung mit dem Vergleich rezenter, das heißt heute lebender Formen.

Diesen Fehler könnte man nach Konrad Lorenz benennen, der in seinem berühmten und eindrucksvollen, aber im Ansatz falschen Buch *Die Rückseite des Spiegels. Versuch einer Naturgeschichte menschlichen Erkennens* (München 1977) »eine auf naturwissenschaftlichen Erkenntnissen sich aufbauende Selbsterkenntnis der Kulturmenschheit aufleuchten« sieht, indem er eine Evolutionstheorie der Erkenntnisfähigkeit schreibt. Großartig ist dieses Buch insofern, als es einen hierarchischen Aufbau der Fähigkeiten von Lebewesen vorträgt, der beginnt mit der »amöboiden Reaktion« der Amöbe und der Kinesis des Pantoffeltierchens, also den »Vorgängen kurzfristigen Informationsgewinns« bei Einzellern, und bis zur Sprache der Menschen reicht.

Für einen Leser jedoch, der den Untertitel des Buches (»Naturgeschichte«) ernst nimmt, überrascht es, daß ausnahmslos alle von Lorenz gebotenen Beispiele an rezenten Formen des Lebens gezeigt werden. Zwar ist beiläufig von Selektionsdruck oder von »phylogenetischem Wissen« (144) die Rede, aber ein chronologisches Entstehungsgeschehen menschlichen Erkenntnisvermögens wird in Wahrheit nicht erzählt.

Erkenntnis- und wissenschaftstheoretisch ist es erheblich, daß an die Stelle fehlender naturhistorischer Kenntnisse empirische Befunde aus heutigen Lebensformen gesetzt werden. Mit anderen Worten, lauter heutige Produkte ihrer je eigenen Evolutionsgeschichten werden gleichgesetzt mit frühen Formen. Das ist so, als wollte man den Stammbaum einer alten Adelsfamilie aus den heute lebenden Personen mit ihren höchstens drei Generationen berücksichtigenden Verwandtschaftsbeziehungen ableiten. Unter anderem kommen da die ausgestorbenen Linien nicht vor.

Bei diesem Vorgehen wird ein für die heute lebenden »Hirne« aufgestelltes System von Leistungen dem Schreiben der Naturgeschichte zur Deutung fossiler Funde vorgegeben. Damit wird aber die Anpassungsthese, die der evolutionsbiologischen Naturgeschichtsschreibung im Sinne Darwins zugrunde liegen soll, unterlaufen. Etwas vereinfacht gesagt: Wenn rezente und Urzeitformen beliebig gegeneinander ausgetauscht werden dürfen, können unsere heutigen Gehirne nicht mehr als Selektionsprodukt aus den vergangenen Formen rekonstruiert werden.

Nun soll hier nicht die Evolutionsbiologie insgesamt diskutiert oder kritisiert werden.[8] Die Frage ist lediglich, ob die heute vertretenen Auffassungen von Neurobiologen in der Unterscheidung von älteren und jüngeren Hirnteilen und ihren Funktionen tatsächlich auf die naturgeschichtliche Entwicklung und Anpassung durch einen Überlebenskampf Bezug nehmen. Um den Einwand zum Zweck der Klarheit zu übertreiben: Schlüsse, die aus morphologischen Vergleichen der Hirne von Frosch, Krokodil, Igel und Halbaffe bis zum Menschen gezogen werden, sagen nichts aus über einen naturgeschichtlichen Anpassungsprozeß.

Sie beruhen vielmehr auf dem Lorenz-Fehler, die gleichzeitigen Produkte verschiedener Anpassungsgeschichten umzudeuten in eine chronologische Abfolge von Entwicklungsstadien. Wenn also Hirnforscher objektsprachlich von Funktionen jüngerer oder älterer Hirnteile reden, die unserer heutigen, kultürlich geprägten Welt mehr oder weniger angemessen seien, darf man skeptisch bleiben. Hier steht zu vermuten, daß im Grunde eine andere, mit der Evolutionsbiologie vielleicht weniger eng verknüpfte Theorie Pate steht, als dies ihre Vertreter glauben, nämlich *Evolutionäre Erkenntnistheorien*. Diesen wenden wir uns jetzt zu, immer unter der Perspektive einer Kritik der Objektsprache der Hirnforschung.

Evolution 2

Von »Evolutionärer Erkenntnistheorie« sollte, mit der Sorgfalt der Sprachkritik, im Plural gesprochen werden. Ihre Exemplare unterscheiden sich nämlich in wissenschafts- und erkenntnistheoretisch wichtigen Aspekten, wenn sie auch gemeinsam derselben Grundidee verpflichtet sind: Mit dem naturgeschichtlichen Anpassungsprozeß im Wechselspiel von Mutation und Selektion verändern und verbessern sich auch die Funktionen der Organe, die für das Erkennen zuständig sind. In erster Näherung sind dies die Sinnesorgane und das Zentralnervensystem, prominent also das Gehirn.

Der erkenntnistheoretische Kerngedanke dieses Ansatzes liegt darin, einen Überlebensvorteil in der besser gegenüber der schlechter angepaßten Erkenntnisleistung von Lebewesen zu sehen. In der suggestiven Formulierung eines anschaulich klar geschriebenen Buches: »Unser Erkenntnisapparat ist ein Ergebnis der Evolution. Die subjektiven Erkenntnisstrukturen passen auf die Welt, weil sie sich im Laufe der Evolution in Anpassung an diese reale Welt herausgebildet haben. Und sie stimmen mit den realen Strukturen (teilweise) überein, weil nur eine solche Übereinstimmung das Überleben ermöglichte.«[9]

Zur Erläuterung: Die Einschränkung »teilweise« bezieht sich darauf, daß »wir« nur im mittleren Größenbereich unserer alltäglichen, nichtwissenschaftlichen Erfahrungsgegenstände, also dem »Mesokosmos«, an die reale Welt angepaßt sind. Im Mikrokosmos der Quantenphysik oder im Makrokosmos relativistischer Astrophysik haben wir dagegen keine Anpassung. Damit soll die Evolutionäre Erkenntnistheorie nicht nur vor Unverträglichkeit mit der modernen Physik bewahrt werden; vor allem soll der klassische Zirkelvorwurf gegen alle Evolutionären Erkenntnistheorien, wonach man ja die Welt schon richtig erkannt haben muß, um die Angepaßtheit unserer Weltkenntnis zu behaupten, entkräftet werden: Es sind nach Vollmer die Naturwissenschaften, die uns sagen, wie die Welt in Wahrheit ist.

Unter vielen anderen ist dies eine besondere Schwäche der genannten Theorie, weil sie die Abhängigkeit auch der Ergebnisse der modernen Physik von den menschlichen Physikern verkennt, die alle Mittel ihrer Forschung auch für den Mikro- und Makrobereich, nämlich ihre mesokosmischen Instrumente ingenieurmäßig konstruieren, handwerklich herstellen und im Labor funktionsfähig machen müssen, von den begrifflichen Vorgaben für Bedeutung und Geltung physikalischer Aussagen einerseits, den mesokosmischen Leistungen des schauenden und hörenden Labormenschen andererseits ganz zu schweigen.

Es scheint, als würde sich die Hirnforschung generell immer dann, wenn sie sich auf die Evolution des menschlichen Gehirns bezieht, mit Fehlern evolutionsbiologischer Theorien und Evolutionärer Erkenntnistheorien infizieren. Lassen wir einen Hirnforscher zu Wort kommen:

> Betrachtet man die evolutionären Prozesse, die dieses Organ hervorgebracht haben, liegt der Schluß nahe, daß die während der Evolution wirksamen Selektionsmechanismen vermutlich nicht dazu angetan waren, kognitive Strukturen auszubilden, die für die Erfassung dessen optimiert sind, was hinter den Dingen möglicherweise sich verbirgt. Unser Gehirn ist einzig und allein an den funktionalen Kriterien gemessen worden, den Organismus, der es trägt, so lange am Leben zu erhalten, bis dieser sich reproduzieren kann, so zumindest die klassische Auffassung. Unsere kognitiven Funktionen sind deshalb an eine makroskopische Welt angepasst, und nicht an die Welt, in der die Quantenmechanik relevant ist, oder an die Welt kosmischer Dimensionen. Bedeutsam ist für uns die Welt, die im Zentimeter- bis Meterraum sich ereignet, und vornehmste Aufgabe unseres kognitiven Systems ist es, Regelhaftigkeiten dieser Welt zu begreifen.

Der Autor meint hier mit »makroskopisch«, was Vollmer »mesokosmisch« nennt; ansonsten sind die beiden Auffassungen deckungsgleich. Nun geht es hier aber nicht um Erkenntnistheorie, sondern immer noch um die objektsprachlichen Mittel, physiologisch über Funktionen von Neuronen und des Gehirns zu sprechen.

Man muß einigen Hirnforschern wohl die folgende Auffassung zuschreiben: Kognitive Leistungen bieten gegenüber Fehlleistungen einen Selektionsvorteil. Sie bilden eine Art von Zwischenglied in den Wirkketten, die von der Welt mit ihren Beutetieren, Freßfeinden, Sexualpartnern und anderen Gewinn- und Verlustfaktoren ausgehen und die im Generationenwechsel Änderung physiologisch beschriebener Hirnfunktionen bewirken. Oder pointiert gesagt: Der Unterschied von Erkenntnis und Irrtum muß sich im Laufe der Evolution auf unsere Hirnarchitektur ausgewirkt haben. Wir lesen noch einmal einen Hirnforscher:

> Bei der Betrachtung der Evolution, und das gilt für Organismen und Organe gleichermaßen, also auch für die Evolution von Nervensystemen, fasziniert die Beständigkeit, mit der frühe Erfindungen über Jahrmillionen hinweg konserviert wurden. Nervenstrukturen, die bereits zu Beginn der Evolution von Nervennetzen, also schon von Invertebraten entwickelt wurden, finden sich nahezu unverändert in den Nervensystemen der spät hinzugekommenen Säugetiere wieder [...]. Konserviert worden ist auch der allgemeine Bauplan von Gehirnen, vor allem der von Chordaten, also jenen Spezies, die über ein Rückenmark verfügen. Bei allen Gehirnen, ob von Fischen, Reptilien oder Säugern, läßt sich die gleiche Unterteilung in Vorderhirn, Riechhirn, Zwischenhirn, Mittelhirn, Kleinhirn und Hirnstamm vornehmen.

Hier zeigt sich nicht nur der Lorenz-Fehler in Reinform. Hier wird fraglich, womit und wofür der Hirnforscher argumentiert. Das heißt, hier ist die heikle Frage aufgeworfen, was in der Objektsprache vom Gehirn, hier von seinen Teilen und ihren Funktionen, wodurch bestimmt oder gar definiert wird. Bildlich gesprochen: Wo steht der Hirnforscher? Ist er primär Physiologe, primär Evolutionstheoretiker oder primär Evolutionärer Erkenntnistheoretiker, wenn er seine ersten Unterscheidungen trifft? Oder ist der Hirnforscher – bisher hier noch ausgespart – primär Verhaltenspsychologe oder gar Kognitionswissenschaftler mit bewußtseinsphilosophischen Kompetenzen?

Mit anderen Worten, ist es primär im Sinne Dobzhanskys die Evolution als Naturgeschehen, welche für die physiologische Beschreibung des Gehirns die Unterscheidungskriterien von sinnvoll und sinnlos, von richtig und falsch liefert? Oder ist es umgekehrt die kognitive, umfassender die mentale Disposition des heutigen Menschen, in deren Licht evolutionstheoretische Retrodiktionen oder Rekonstruktionen erst als sinnvoll oder sinnlos, als richtig oder falsch erscheinen?

Es geht also um die Frage, *was wodurch definiert bzw. erklärt wird.* Was die Hirnforschung nicht darf, will sie nicht ihren Anspruch auf Wissenschaftlichkeit verlieren, ist eine Perspektive »von nirgendwo« einzunehmen, also ohne ausgezeichneten objektsprachlichen Anfang – als würden sich die frei in der Luft schwebenden Teile Physiologie, Evolutionsbiologie und evolutionäre Erkenntnistheorie gegenseitig hinreichend stützen. Denn dann fehlt ihr der Ansatzpunkt für die Erläuterung ihrer Fachsprache. Schon die heute naturwissenschaftlich unbestrittenen Differenzierungen der Neuroanatomie durch Erkenntnisse der Neurophysiologie wären dann nicht mehr semantisch sinnvoll, von kausalen Erklärungen ganz zu schweigen, die dem

»Beruhen« der kognitiven und mentalen Phänomene auf physiologischen Sachverhalten zugeschrieben werden.

Kleines Fazit

Läßt man die sprachlichen Mittel der Neurowissenschaften Revue passieren, um zu sehen, wovon die Hirnforschung in ihrem harten, naturwissenschaftlichen Teil spricht, so bleiben neben Physik und Chemie und neben den lebenswissenschaftlichen Teilfächern Anatomie (für das tote Lebewesen) und Physiologie (für das lebende Lebewesen) problematische Sprachstücke aus Alltagssprache, Wissenschaftstheorie, Informationstheorie, Reiz-Reaktions-Psychologie und aus der Evolutionsbiologie und Evolutionären Erkenntnistheorie.

Letztere werden methodisch primär auf rezente Formen und Vergleiche mit anderen rezenten Formen angewendet. Dieses Wissen ist ebenso unverzichtbar wie ein morphologisches Wissen über Struktur und Funktion des Gesamtorganismus, wenn diese evolutionsbiologisch als Produkt der Naturgeschichte beschrieben werden sollen.

Dem Evolutionsbiologen geht es nicht anders als dem Kriminalisten, der nach der Tat an den Tatort kommt. Er hat im Lichte seines kausalen, psychologischen, sozialen und anderen Wissens Indizien zu sichern und im heuristischen Hin und Her hypothetischer Tatverläufe eine Rekonstruktion der vergangenen Tat zu erfinden. In der Unterscheidung von »Geschichte« als Geschehen und als Erzählung des Geschehens sucht er die Erzählung. So auch der Evolutionsbiologe.

Naturgeschichtsschreibung ist also methodisch sekundär gegenüber der methodisch primären Naturwissenschaft rezenter

Formen des Gehirns. Die oben zitierte Maxime Dobzhanskys, nach der auch die aktuelle Hirnforschung in ihren harten, naturwissenschaftlichen Teilen ihren Sinn aus der Evolution beziehe, entpuppt sich damit als erkenntnistheoretischer Kopfstand. Die Evolution als Naturgegenstand, nämlich als Naturgeschehen, ist vom sprachlichen Gegenstand der Naturgeschichtsschreibung nicht nur unterscheidbar; er ist ohne sprachliche Beschreibung kein Gegenstand irgendeiner menschlichen Erkenntnis. Damit aber muß sich der Hirnforscher entscheiden: Will er aus der Evolutionstheorie, also aus der Naturgeschichtsschreibung Argumente für oder gegen hirnphysiologische Behauptungen gewinnen, oder umgekehrt?

Der vermeintlich so harmlose erste Blick und die vermeintlich so harmlose erste Antwort auf die Frage, wovon die Hirnforschung handelt, das heißt worüber sie spricht, darf also nicht weiter mit der philosophischen Naivität gesehen werden, mit der wir im Alltag einem am Flußufer gefundenen Kieselstein begegnen. Hirnforschung muß sogar in ihren harten naturwissenschaftlichen Teilen zur Kenntnis nehmen, daß sie selbst im Medium der Sprache stattfindet. Dabei hat sich bestätigt, daß mit Sicherheit die Probleme der Hirnforschung keine reinen Sprachprobleme sind oder in solchen aufgehen, daß aber ohne Lösung der Sprachprobleme die Hirnforschung aus ihrer desolaten erkenntnis- und wissenschaftstheoretischen Verfassung nicht herauskommen wird.

Und es ist die Pointe dieses Kapitels, daß diese Diagnose nicht auf den im folgenden parasprachlichen Kapitel zu diskutierenden Ansprüchen beruht, den hochtrabenden Explananda, den Körper-Geist- und Leib-Seele-Problemen, den Menschen- und Weltbildern, den konfliktträchtigen Natur- und Geisteswissenschafts-Kontroversen oder den angeblichen illusionären Selbsttäuschungen des Menschen gegenüber naturwissenschaftlicher Aufklärung. Sprachprobleme liegen schon im objektsprachlichen Bereich. Die Bedingung der Möglichkeit, neuronal den Menschen als Tier zu erforschen, setzt nicht außer Kraft, daß es der sprechende Mensch ist, der als Hirnforscher seine Fragen und Antworten zu verantworten hat.

4 Parasprache: Die Ziele der Hirnforschung

Parasprache (von griechisch *para*, »bei, neben«) sind alle diejenigen Teile der Debatte zur Hirnforschung, die nicht in Objektsprache die Gegenstände oder in Metasprache die Verfahren betreffen. Diese Einteilung ist aber nicht so zu verstehen, daß nun jedes wichtige Wort der Hirnforschungsdebatte nur in genau einer dieser drei Sprachen vorkommen kann. Vielmehr dient die Einteilung in Objekt-, Para- und Metasprache der Kennzeichnung bestimmter Gebrauchsformen von Wörtern. So kann ein parasprachlicher Gebrauch eines Ausdrucks wie Neuron, Hirn oder Experiment der Erläuterung, Veranschaulichung oder Bewertung zu einem objektsprachlichen Gebrauch von Neuron oder Hirn bzw. zu einem metasprachlichen Gebrauch von Experiment dienen.

Ein wichtiges Unterscheidungsmerkmal der Parasprache, die ja die gesamte Hirnforschungsdebatte abdeckt, insofern sie nicht »harte« objekt- oder metasprachliche Terminologie verwendet, ist ihre Offenheit für alle tatsächlich vorzufindenden Sprachgebräuche. In ihr treffen sich, anschaulich gesprochen, alle Beiträge und Perspektiven, für deren Formulierung (noch) nicht eine ausgearbeitete, fachwissenschaftliche Terminologie in Anspruch genommen wird. Andererseits kann eine Debatte um Ziele oder Selbstverständnisse der Hirnforschung durchaus in geklärter parasprachlicher Weise stattfinden. Parasprache ist also nicht zwangsläufig ungenau oder belastet durch unbegründete Vormeinungen.

Popularisierungen

Parasprache ist das bevorzugte Medium, in der Hirnforscher ihre Tätigkeiten und Ergebnisse *popularisieren*. Popularisierung ist die Darlegung eines Forschungsfeldes für alle Nichtexperten, wörtlich für das Volk. Sie ist, sofern gut gemacht, nicht nur höchst verdienstvoll, sondern geradezu geboten für die immer weiter sich spezialisierenden Forschungsbereiche moderner Wissenschaften.

Dem vielzitierten Verlassen des Elfenbeinturms, den man gern den Geisteswissenschaften als Lebensraum zuspricht, korrespondiert für die Naturwissenschaften das Verlassen der Labors. Verlassen werden die Elfenbeintürme und Labors der Experten aus guten Gründen: Die Öffentlichkeit von den Nachbardisziplinen bis hin zu nichtakademischen Laien und Politikern soll informiert werden, um über ein sachlich angemessenes Verständnis den Wert wissenschaftlicher Arbeit einschätzen und würdigen zu können. Die Aufgabe der Popularisierung von Expertenwissen ist schwierig, nicht in allen Fächerkulturen gleichermaßen geschätzt und bekanntlich sehr verschieden behandelt, wenn man etwa den angelsächsischen, den deutschsprachigen und den romanischen Kulturbereich vergleicht.

Forschungspraxen und -ergebnisse populär darzustellen soll hier unter keiner Perspektive abgewertet werden. Auch die parasprachlichen Mittel populärer Darstellungen unterliegen nur dem Kriterium der Zweckmäßigkeit. Wird dabei klar und anschaulich, informativ und sachbezogen, didaktisch klug und kommunikativ griffig gesprochen?

Selbstverständlich verfolgen parasprachliche Popularisierungen bestimmte Zwecke. Sofern dies nicht die – ebenfalls legitimen – Zwecke von Trägern entsprechender Medien wie Zeitschriften, Zeitungsbeilagen, Wissenschaftsmagazine im Fernsehen oder bestimmter Museen sind, wirbt die Popularisierung von Wissenschaften um öffentliche Anerkennung. Man veranstaltet, bildlich gesprochen, einen Tag der offenen Tür. An diesem ruht der Forschungsbetrieb, und das Publikum ist gebeten, zu sehen und zu lernen, Fortschritte zu bestaunen und die Wichtigkeit des Unternehmens zu erfahren. Öffentliche Anerkennung ist ein kaum zu unterschätzender Faktor für das Einwerben öffentlicher Finanzierung. Ein Forschungsgebiet, das öffentliche Aufmerksamkeit erreichen kann wie die Hirnforschung, ist auch in der Forschungspolitik besser gestellt als exotische Spezialitäten, von denen niemand etwas weiß. Es ist also durchaus legitim, das öffentliche Interesse mit geeigneten parasprachlichen Mitteln zu wecken, zu lenken und zu befriedigen.

Wo dies gelingt, versammelt sich neben Aufmerksamkeit auch die Förderung des Forschens, von der Drittmittelvergabe bis zur Einrichtung neuer Professuren. Die Autonomie der Fachwissenschaften im Sinne einer unabhängigen, eigengesetzlichen Zielwahl hat genau dort ihre Grenzen. Kenner der Forschungslandschaft wußten immer schon, in welche Richtung aktuell die vielversprechenden Trends liefen. Mit zweisilbigen Kürzeln wie »info«, »cogno«, »nano«, »bio«, »neuro« und anderen ließ sich pointieren, welche Richtungen und gegebenenfalls Fächerverbindungen als chancenreich galten.

Aus philosophischer Sicht, genauer aus erkenntnis- und wissenschaftstheoretischer sowie aus sprachphilosophischer Sicht, ist die Popularisierung aktueller Wissenschaft ebenfalls von größter Bedeutung: In ihr finden sich nämlich die *Selbstverständnisse* wieder, die sich in historischen Forschungs- und Vermittlungsprozessen ausbilden. Versuche, die eigene Fachwissenschaft verständlich zu machen, sind wie eine große Geburtshilfestation für Selbstverständnisse. Was will, was tut, was kann und was nützt die aktuelle Forschung? Selbstverständnisse bilden gleichsam den sozialen Kitt für die Gruppen von Fachexperten, und sie dienen nicht nur der Bildung einer Gruppenidentität gegenüber einer Laienöffentlichkeit, sondern sind auch der Hintergrund für manche gesuchte Zusammenarbeit über die eigenen Disziplingrenzen hinaus, aber auch für manche distanzierende Abgrenzung. Vor allem aber ist die Formulierung von Selbstverständnissen eine Fundgrube für die gerade nicht in Objektsprache gefaßten Gegenstände oder in Metasprache gefaßten Methoden einer Disziplin, sondern für die »philosophy« eines Faches. (Das englische »philosophy« ist, im Unterschied zu »Philosophie«, ein diffuser, weiter Ausdruck für Haltung, Strategie, Selbsteinschätzung, Grundüberzeugung und vieles andere; auch ein Kaugummivertreter hat seine »philosophy«.)

Das Verlassen von Elfenbeinturm und Labor popularisiert Wissenschaft eben nicht allein durch eine Übersetzung von Wissenschaft in die Sprache der Adressaten. Der gesuchte Werbeeffekt erstreckt sich auch auf die Selbstverständnisse. Nicht nur Hirne, sondern auch Hirnforscher müssen in der Popularisierung attraktiv werden. Wer nicht auf die überwältigende Kraft schierer Größe oder metaphysischer Versprechungen setzen kann, wie gegenwärtig beim neuen Teilchenbeschleuniger am Cern, der für mehr als sechstausend Millionen Dollar eine neue Erkenntnis davon verspricht, »was die Welt im Innersten zusammenhält«, darf sich nicht mit der Anonymität der Tausende von Experten zufriedengeben, die am gigantischen Cern-Projekt mitarbeiten. Selbstverständnisse von Fachdisziplinen, die den Eindruck eines schnellen Erkenntnisfortschritts erwekken wollen, können sich nicht auf bewährte, ausdiskutierte, bis zu den Zielsetzungen von Fachgesellschaften geronnene Selbstbilder beschränken. Wo ein ganzes Fach wie die Hirnforschung zum Gipfelsturm ansetzt, bilden sich schnell Spitzen heraus, denen natürlicherweise die Formulierung von Selbstverständnissen zufällt. Und hierin liegt ein erhebliches Risiko.

Das tatsächliche Selbstverständnis »der« Hirnforschung, wie es sich an der deutschsprachigen Debatte gegenwärtig ablesen läßt, riskiert, was im folgenden einzeln zu betrachten sein wird:

- Formulierungen des Selbstverständnisses erfolgen jeweils nachträglich zum Forschungsprozeß. Sie tendieren daher zur Affirmation statt zur Selbstkritik.
- Selbstverständnisse sind nicht programmatisch, erhöhen also nicht durch Nennung von Forschungszielen das Risiko, diese nicht zu erreichen.
- Selbstverständnisse bedienen sich zum Ausweis der Kompetenz der eigenen Fachterminologie und vermengen unzulässig verschiedene Sprachebenen.
- Die Semantik der Parasprache wird den vorweisbaren Ergebnissen angepaßt.
- Forschungsgegenstände werden so umgedeutet, daß Ergebnisse als Erfolge erscheinen.
- Forschungsmethoden werden so interpretiert, daß ihr Einsatz als Erfolg erscheint.
- Ursprünglich verfolgte Ziele werden in nachträglicher Darstellung so geglättet, daß sie erreichbar oder erreicht erscheinen.

Selbstverständnisse in der Hirnforschung

Da die Ausbildung von Selbstverständnissen spätestens dann als Aufgabe ansteht, wenn in der Öffentlichkeit für ein Fach geworben werden soll, liegt das beschreibende und analysierende Vorgehen nahe bei kühnen Programmen für die Zukunft. Die ausformulierten Selbstverständnisse eines Faches sind also immer auch eine Art nachträglicher Erfolgsbericht. Sie tragen nach, was der Laie von den erreichten Ergebnissen zu halten hat. Und schon damit sind sie in der Regel affirmativ, das heißt bekräftigend und bestätigend. Wie sich die einzelnen Forscher und insbesondere die Spitzenmannschaft der Gipfelstürmer verstehen, bildet sich aus, indem die Akteure auf die normative Kraft des Faktischen setzen. Der tatsächliche Lauf des Forschungsgeschehens wird dabei nicht nur als ein selbstverständlich erfolgreicher dargestellt, sondern in seinem Erfolg durch eine Selbstverständigungsphilosophie erklärt, an der ersichtlich werden soll, worauf der Erfolg beruht. Deshalb wäre es lebensfern, in erster Linie kritische Töne zu erwarten, wo Hirnforscher ihr philosophisches Selbstverständnis artikulieren; dadurch würde ja geradezu gegen das Ziel öffentlicher Anerkennung und Alimentierung gearbeitet.

Die Parasprache, in der das Selbstverständnis formuliert wird, bedient sich selbst der objekt- und metasprachlichen Mittel nur parasprachlich. Von Nichtexperten wird nicht erwartet, daß sie die neurophysiologische oder wissenschaftstheoretische Terminologie beherrschen. Also kann sich auch der Fachmann eher salopp der entsprechenden Ausdrücke bedienen. Wenn dann noch der Adressat »dort abgeholt werden soll, wo er ist«, werden populäre, insbesondere also terminologisch unscharfe Wortverwendungen bevorzugt. Da überrascht es auch nicht, wenn sich der Hirnforscher bevorzugt der Fachsprache seiner eigenen Disziplin, wenn auch großzügig, bedient, um seine Selbstverständigungsphilosophie zu formulieren. Auf die Unterscheidung von Sprachebenen oder von Klassifikationen von Sätzen nach Prinzip, Definition, Hypothese, empirischer Befund und dergleichen kommt es nicht an.

Entsprechendes gilt, in der Hirnforschung geradezu dramatisch, wenn es im Selbstverständnis ihrer Vertreter um das zu Leistende geht. In erster Linie treten hier die berühmten Explananda wie Bewußtsein, Selbstbewußtsein, Intention, Willensfreiheit, das Ich, Kognition und viele andere auf. Parasprachliche Popularisierung und Explikation des Selbstverständnisses ziehen sich hier auf die vermutete Begrifflichkeit des Adressaten zurück. Ein Publikum, zu dessen aktivem Wortschatz die genannten Wendungen gehören, darf seine eigenen Verwendungsweisen dieser Begriffe ihrer jeweiligen, populären Alltagspsychologie einsetzen. Die Semantik wird angepaßt. Pointiert formuliert: Man muß eben die zu erklärenden Gegenstände so verstehen, daß die angebotenen Erklärungen greifen.

In der Formulierung von Selbstverständnissen erfahren auch die zu erklärenden Sachverhalte der betreffenden Fachdisziplin eine Umdeutung. Das Gehirn durchwandert eine Metamorphose vom anatomischen Fund unter der Schädeldecke über das Organ und das Zentralorgan zum autonomen Akteur. Die von Hirnforschern geliebte, von vielen Philosophen als mereologischer (von griechisch *meros*, »Teil«; vom Teil auf das Ganze schließender) Fehler kritisierte Sprechweise, das Gehirn *pars pro toto*, als stellvertretender Teil für das Ganze, anstelle des ganzen Organismus, des ganzen Menschen oder der ganzen Person agieren zu lassen, wird für das Selbstverständnis des Hirnforschers prägend. Fragt man nach, wo oder in welchem Medium diese Umdeutungen des Gegenstandes stattfinden, ist es wieder die saloppe Parasprache. Sie hat Wörter wie Organismus, Mensch, Person in ihrem Bestand, ohne auf Auskünfte verpflichtet zu werden. Weil die Hirndebatte in Parasprache stattfindet, verfangen selbst elementare Aufklärungsargumente nicht. So versteht zwar jeder Sprecher der deutschen Sprache, warum ein mereologischer Schluß ein Fehler ist. Wir beurteilen es als inkorrekt, das Fahren des Autos auf das Fahren des Autorades zu übertragen. Ein Rad rollt, dreht sich usw., aber es fährt nicht.

Derartige Bezeichnungsfehler, die gegen übliche semantische Regeln verstoßen, betreffen nicht nur Funktionen (wie Fahren und Rollen), sondern auch deren ursächliche Beziehungen. Wer durch Druck auf das Gaspedal beschleunigt, wird dies schon sprachlich unterscheiden vom Anschieben des Autos. Ob das Hirn geschoben wird oder schiebt, kann durch bestimmte Formulierungen unterstellt, von vornherein bestritten oder aber unklar gehalten werden.

Ein weiteres Kennzeichen der parasprachlichen Hirnforschungsdebatte ist der nichtterminologische Umgang mit den Methoden. Da wird über Experimente gesprochen, die etwas bewiesen hätten, um als Selbstverständnis zu demonstrieren: Wer ein Experiment durchführt, weiß wohl am besten, worum es sich dabei handelt. Diese Überzeugung, daß der Praktiker immer zugleich sein bester Theoretiker ist, läßt sich allerdings eindrucksvoll studieren, wenn im Fernsehen nach einem Fußballspiel die Akteure des Rasens in die Kamera berichten, warum was gespielt, gewonnen und verloren wurde.

Exemplarisch ist in dieser Hinsicht auch das »Manifest« der Hirnforscher von 2004: Da »gehen« (hier: im Zitatemix) »Schaltkreise von Neuronen« den höheren Hirnfunktionen

»voraus«, aus denen niedrigere Hirnfunktionen »abgeleitet« werden; dabei wird eine angestrebte Theorieform für eine »einheitliche Darstellung« »widerspruchsfrei« nach dem Vorbild der Quantenphysik gegenüber der klassischen Mechanik unterlegt – das heißt: Es wird eine Fülle von Verständnissen der Objekte, Methoden und Ziele des Unternehmens Hirnforschung frei gegriffen, nach privaten Deutungen der Physik oder »der« Naturwissenschaften formuliert und nirgends eine Erläuterung gegeben, von einer Begründung ganz zu schweigen.

Schließlich ist die Glättung der Ziele ein charakteristisches Kennzeichen parasprachlichen Umgangs mit der Hirnforschung. Wären Ziele nicht nachträglich »geglättet«, sondern in einem einer Legitimationsdiskussion zu unterwerfenden Programm formuliert, müßten sich die Hirnforscher ja darauf einlassen, wie ihre Explananda so zu bestimmen sind, daß sie als Leistungen des Gehirns begrifflich und experimentell erreichbar werden. Es ist dagegen nur eine Abwehr uneingelöster Erklärungsansprüche, dem Gehirn (statt Personen) die reflexive Aufgabe der Selbsterklärung zuzuweisen. Entsprechendes gilt, wenn etwa im »Manifest« zu Geist und Bewußtsein gesagt wird, sie seien »empfunden«. Die Glättung der Ziele besteht also in einer parasprachlichen Bedeutungsverschiebung. Wo primär eine aus der Tradition und aus der Bildungssprache kommende Vielfalt spezifisch menschlicher Charakteristika und Leistungen wie Kognition, Bewußtsein, Handlungsautonomie und dergleichen als zu erklärende Gegenstände vorgefunden und akzeptiert wurden, wird nach der Maxime »weil nichts ohne Gehirnleistung, deshalb alles allein aus Gehirnleistung« die Gleichsetzung von Explanandum und Explanans, von dem zu Erforschenden und dem Erforschten betrieben.

Zugespitzt könnte man sagen, daß die gegenwärtige Debatte

um die Hirnforschung gerade durch Ausblendung oder parasprachliche Auflösung der »harten« objekt- und metasprachlichen Gegenstände bzw. Methoden nur noch ein werbesprachlicher Selbstdarstellungsdisput ist.

Die soeben aufgezählten Risiken, mit der Popularisierung der Hirnforschung auch ihr Selbstverständnis auszubuchstabieren und damit eine genehme Selbstdeutung des Gesamtunternehmens anzubieten, ist wegen ihrer affirmativen Grundhaltung nun einem disziplinierten, normativen Gebrauch der Parasprache zu kontrastieren. In ihr sind Programme zu explizieren und zu legitimieren, Einordnungen der Hirnforschung in den Fächer- und Zielekanon verschiedener Wissenschaften vorzunehmen und eine Grundlage zu gewinnen, um über die außerhalb der Neurowissenschaften im engen, naturwissenschaftlichen Verständnis liegenden »höheren« menschlichen Charakteristika und Leistungen zu sprechen.

Parasprache und Programm

Zunächst hat in diesem Text die Unterscheidung von objekt-, meta- und parasprachlichem Gebrauch den Zweck verfolgt, die tatsächliche Debatte um die Hirnforschung so einzuteilen, daß verschiedene Ziele mit den jeweiligen Sprachen verknüpft wurden. Daraus hat sich zwangsläufig ergeben, daß Parasprache sozusagen das offene Schlachtfeld umgrenzt, in dem sprachliche Parforceritte zu risikoreichen Formen der Popularisierung, Selbstdarstellung und Zustimmungserheischung aufgeführt werden. In Objektsprache dagegen geht es sozusagen um die seriöse Lehrbuchdarstellung der harten Teildisziplinen der Hirnforschung, während in Metasprache die seriösen Darstellungen kompetenter Wissenschaftstheorie zu finden sind – also zwei eher mühsame, wenig publikumswirksame Unternehmungen in Sachen Wahrheitssuche. Damit wurde Parasprache zwangsläufig zum Spielfeld auch der eitlen Kontroversen, der überzogenen Kritik an Gegenpositionen und der Schönfärbung der eigenen Ergebnisse.

Deshalb ist noch einmal darauf zu verweisen, daß die Aufgaben von Popularisierung, Ausformulieren von Selbstverständnissen, Einwerben von Anerkennung und schließlich die Suche nach Orientierungen eine durchaus positiv zu beurteilende Aufgabe der Parasprache ist. Diese konstruktive Rolle der Parasprache soll verdeutlicht werden dadurch, daß der Nachträglichkeit populärer, affirmativer Selbstverständnisse die Vorgängigkeit des Programms gegenübergestellt wird. Auch die Formulierung von Programmen gehört zur Parasprache.

»Decade of the brain«

Programme, in wörtlicher Übersetzung Vorschriften, sind nicht schon deshalb unwissenschaftlich, unklar oder gar unbegründbar, weil sie sich auf die Zukunft richten. Vielmehr gehören sie in den großen Bereich des Planens, also des handelnden Vorbereitens weiterer Handlungen. Programme haben mit den Plänen, wie sie im Alltagsleben für den Hausbau, die Koordination von Eisenbahnzügen oder dem Haushalt einer Kommune üblich sind, vieles gemeinsam: Sie können klar oder unklar, solide oder unsolide, konkret oder praxisfern und vieles andere sein. Kurz, Programme und Pläne haben gemeinsam, daß sie rationale Unternehmen sein können und sollen, aber nicht immer sind. Und sie haben gemeinsam, daß sie orientierend wirken, wo man sie der eigenen Praxis zugrunde legt und dafür erst einmal ausdrücklich angenommen haben muß.

Die Hirnforschung hat in ihrer langen Geschichte mehrere prominente Programmdiskussionen erlebt, von denen die beiden jüngsten hier erwähnt seien: Als der amerikanische Präsident George Bush Sr. das Jahrzehnt des Gehirns, »decade of the brain«, ausrief,[10] war die Zunahme von Erkrankungen des Gehirns durch Veränderung der Altersstruktur der Gesellschaft allseits präsent. Die Amerikaner erlebten damals gerade den Rückzug des früheren Präsidenten Reagan, der an Alzheimer erkrankt war, ins Private mit.

In den USA sind, anders als in den deutschsprachigen Ländern, Aufrufe von Präsidenten zu Wissenschaftsprogrammen nicht unüblich. John F. Kennedys Reaktion auf den Sputnikschock durch das Programm »man to the moon« gehört ebenso hierher wie der öffentliche Auftritt des Präsidenten Bill Clinton mit Craig Venter anläßlich der ersten kompletten Sequenzierung eines Genoms.

Das Programm »decade of the brain« war nicht nur durch sein Ziel motiviert, über medizinische Grundlagenforschung einer Reihe von beunruhigenden Erkrankungen Herr zu werden. Es hatte auch einen in der Fachwelt gut beleumundeten Hintergrund: In den vorangegangenen Jahrzehnten waren neue oder verbesserte Beobachtungsverfahren des lebenden Hirns entwickelt worden, die eine rasch anwachsende Menge von Daten und neuen Erkenntnissen erbrachten. Ob die verschiedenen Formen der bildgebenden Verfahren, der Tomographie, der radioaktiven Markierung zum Nachweis von Stoffwechselaktivitäten, verbesserter EEG-Verfahren oder in Tierversuchen experimentelle Multielektrodenableitungen, die aktuelle Hirnforschung hatte der neuroanatomischen, neurophysiologischen und neurobiologischen Arbeit einen ungeahnten Auftrieb beschert.

Als weiterer, vielversprechender Hintergrund ist zu nennen, daß die Mittel der Modellierung von Hirntätigkeit wesentlich leistungsfähiger geworden sind. Gemeint sind neue Formen der Computertechnik, der Informationsverarbeitung, die Erfindung neuronaler Netze und andere Unternehmungen. Außerdem hatte die Künstliche-Intelligenz-Forschung große Fortschritte gemacht und zu noch größeren Versprechungen geführt. Also ließen sowohl die biologisch-medizinische als auch die mathematisch-informationstheoretische Entwicklung den Zeitpunkt richtig erscheinen, ein Jahrzehnt des Hirns für die Forschung auszuschreiben und diese mit viel Geld auszustatten.

Ersichtlich kann man an diesem Beispiel Zwecke, Mittel, Ausgangssituation, gute Gründe und manches andere aufführen, um ein solches Programm zu formulieren und zu akzeptieren. Hier soll es nicht um die historischen oder sachlichen Details gehen, sondern nur darum, daß wissenschaftliche Programme dieser Art selbst wissenschaftlich diskutiert werden können. Sie sind legitimationspflichtig und legitimationsfähig. Dies ergibt sich aus ihrem Charakter, qua Programm Handlungen vorzuschreiben.

Das »Manifest«

Das zweite Beispiel einer Programmdiskussion zur Hirnforschung ist das bereits erwähnte »Manifest« elf führender Neurowissenschaftler in der Zeitschrift *Gehirn und Geist* (6/2004). Hierin kündigen die Autoren an, in absehbarer Zeit psychische

Vorgänge wie Empfindungen und Gefühle, Gedanken und Entscheidungen aus physikalisch-chemischen Vorgängen im Gehirn erklären und voraussagen zu können. Bekanntlich hat dies Manifest mit dem Schluß, es sei geboten, das Problem der Willensfreiheit als eine der »großen Fragen der Neurowissenschaften« zu behandeln, einen wesentlichen Anteil am Zustandekommen der deutschsprachigen Hirnforschungsdebatte. Es wäre durchaus lohnend, die beiden Programme »decade of the brain« und »Manifest« nebeneinander zu legen und nach den Kriterien zu vergleichen, welches Ziel gesetzt, welche Mittel ausgewiesen, welche Situationsbeschreibung zugrunde gelegt und welche Interessen als leitend angesehen wurden. Dies kann hier schon aus Umfangsgründen nicht geleistet werden, genügt aber selbst schon als programmatischer Einfall zum Vergleich zweier Programme, um auf eine konstruktive Rolle der Parasprache aufmerksam zu machen.

Halten wir terminologisch fest: Programme sind, in weitgehender Ähnlichkeit zu anders benannten Plänen für größere Handlungszusammenhänge, sprachlich formuliert und auf die Zukunft gerichtet. Sie können und sollen ausformuliert, begründet, beraten und dann angenommen oder abgelehnt werden. Sie haben keinen beschreibenden und keinen behauptenden, sondern einen vorschreibenden und handlungsnormierenden Charakter. Sie können also nicht wahr oder falsch, sondern nur zweckmäßig oder unzweckmäßig sein – und sie müssen hinsichtlich der Zwecke und Mittel Auskunft geben, für wen und warum sie leitend sein sollen.

Zwecke gelten in naturwissenschaftlichen Zusammenhängen gelegentlich als metaphysische Monstren; denn in der Aristotelischen Naturphilosophie war eine Erklärung von Zwekken her, sogenannte teleologische Erklärungen, als wichtig vorgesehen. In der neuzeitlichen Physik sind seit deren Programmschriften von Descartes und der Ablehnung seiner Erklärungshypothesen für die Gravitationskraft durch Isaac Newton nur noch die »Kausalerklärungen« als wissenschaftsfähig akzeptiert. Gerade in der Geschichte der Biologie, die sich hier auf die Hirnforschung auswirkt, ist die Frage nach den Zwekken immer wieder aufgeworfen und bis zu einem terminologischen Eiertanz (»Teleologie« nein! »Teleonomie« ja! [Ernst Mayr 1988]) weitergespielt worden.

In der schon mehrfach erwähnten Sprachvergessenheit der Naturwissenschaften ist dabei leider zumeist der Unterschied übersehen worden, ob Zwecke in den Objektbereich der untersuchten Objekte verlegt werden oder ob Zwecke für die Handlungen der Forscher leitend sind. Das übliche, wenig differenzierte naturwissenschaftliche Credo hat mit dem Bad »Zwecke als naturwissenschaftliche Objekte« zugleich das Kind »Zweckrationalität naturwissenschaftlichen Forschungshandelns« ausgeschüttet. Da es hier aber um Programme für menschliches Handeln geht, darf die Zweckrationalität für seriöse Naturwissenschaft in Ansatz gebracht werden.

Ein Programm der Hirnforschung als medizinischer Grundlagenforschung etwa zum Stoffwechsel des Zentralnervensystems, seinen genetischen und ökologischen Belastungen, zu Zusammenhängen mit der sozialen, biographischen und psychischen Situation des Menschen hat hinsichtlich ihrer Zwecke einen komfortablen Stand. Wer würde nicht zustimmen, wo es um Therapie- oder gar Prophylaxemöglichkeiten gegen Alzheimer, Altersdemenz, Parkinson, Multiple Sklerose und andere Krankheiten geht? Es ist allerdings fraglich, ob eine solche Programmatik in den dafür vorzuschlagenden Strategien und Mitteln für den medizinisch-biologischen Laien überhaupt verständlich sein kann. Für die aktuelle Hirnforschungsdebatte jedenfalls spielt diese Programmatik so gut wie keine Rolle; wäre es anders, könnte sie bestenfalls eine Diskussion unter ausgewiesenen Experten betreffen.

Anders steht es mit der nichtmedizinischen Programmatik, die im genannten »Manifest« entfaltet wird. Hier geht es um Zwecke, die sich schon im Rahmen einer Programmdiskussion mit guten Argumenten kritisieren lassen. Dies soll hier nicht am Manifest selbst und nicht personalisiert an den Äußerungen seiner Beiträger geschehen, weil es dabei unter anderem um eine bis in die philologischen und feinstrukturierten historischen Details dieser Äußerungen ginge.

Statt dessen soll exemplarisch ein Analogon herhalten, um die Aufgabe einer konstruktiven Parasprache zu erläutern. Es ist ein Analogon zum Körper-Geist-Problem der Versprechungen des »Manifests« und seit langem in der Hirnforschungsdebatte geläufig. Wer dieses Beispiel zum ersten Mal verwendet hat, ist mir unbekannt. Allerdings soll es hier auch in einem wichtigen Punkt anders, nämlich weitergehend gefaßt werden als in der bisherigen Diskussion: Es geht um die Frage, ob die chemisch-physikalische Beschreibung eines Ölgemäldes ausreicht zu erklären, was es darstellt, oder gar, welcher Kunstrichtung es angehört.

Öldbildmetapher

Die Ölbildmetapher, wie hier kurz gesagt werden soll, dient zunächst dazu, eine Alternative zum Substanzdualismus von Descartes aufzuzeigen, wonach es die beiden Welten der (allein durch Ausdehnung bestimmten) Materie und des (nicht ausgedehnten, immateriellen) Geistes gibt – mit dem Folgeproblem, wie beide Welten in Wechselwirkung treten können. Von diesem Substanzdualismus soll der *Aspektedualismus* unterschieden werden, wonach ein und dasselbe Referenzobjekt »Ölbild« sowohl einer naturwissenschaftlichen als auch einer geisteswissenschaftlichen oder alltagssprachlichen Beschreibung unterworfen werden kann. In erster begrifflicher Annäherung unterscheidet sich der Aspekte- vom Substanzdualismus dadurch, daß nun nicht mehr bestimmte Farbmoleküle auf der Leinwand das Gemälde »verursachen«; oder, um einen Lieblingsausdruck der laufenden Hirnforschungsdebatte zu wählen: daß das Gemälde auf der Verteilung der Farbmoleküle »beruht«. Vielmehr geht es um das *Verhältnis zweier Beschreibungen*, deren Sprachform die Ölbildmetapher für unsere Frage zur Sprache der Hirnforschung einschlägig macht. Leider finden sich zahlreiche Beispiele, wo die Ölbildmetapher diskutiert wird, ohne auf diesen sprachlichen Charakter der beiden Bereiche einzugehen.

Hier soll der Klarheit halber die Ölbildmetapher in besonderer Weise verschärft werden, die sonst in der Literatur nicht zu finden ist: Da es – vgl. Kapitel 2 – bei sprachlichen Äußerungen immer um Bedeutung und Geltung geht, ist auch für die Ölbildmetapher explizit anzugeben, was in beiden Sprachspielen jeweils die Bedeutung und die Geltung der Beschreibung sichert.

Das eine Sprachspiel betrifft das Gemälde als Körper im physikalischen Sinne. Der Anhänger des Programms, letztlich alle Beschreibung von Weltgegenständen auf naturwissenschaftliche Mittel zurückzuführen, wird dieses Sprachspiel bzw. seinen Gegenstandsbereich als das erste bzw. den ersten bezeichnen. Schließlich soll ja das, was das Bild darstellt, aus seiner stofflichen Beschaffenheit naturwissenschaftlich erklärt werden.

Diese in der Sprechhandlung des Bekundens vorgetragene Programmatik ist die heute vorherrschende und findet sich z. B. auch in der Reihenfolge der Substantive im Zeitschriftennamen *Gehirn und Geist.* Ein anderes Beispiel bietet der Vergleich zweier Ringvorlesungen an den Universitäten Göttingen und Marburg. Die Göttinger Universität zollte ihrer großen mathematisch-naturwissenschaftlichen Tradition Tribut durch eine Ringvorlesung mit dem Titel »Das Gehirn und sein Geist« (1999/2000), während die Marburger Universität mit ihrer großen geisteswissenschaftlichen und philosophischen Tradition ihre einschlägige Ringvorlesung »Geist und Gehirn« titulierte (2002). Schon an der Wahl der Reihenfolge zweier Kernbegriffe ist also der Unterschied der Programme erkennbar: Soll der Geist aus dem Gehirn naturwissenschaftlich erklärt werden, oder soll geklärt werden, was der Geist über das Gehirn zur Kenntnis bringen kann? Schon in solchen Programmtiteln zeigt sich also das, was an Programmen legitimationspflichtig und legitimationsfähig ist. Zurück zur Ölbildmetapher, für die das naturwissenschaftliche Sprachspiel nur das hier zuerst genannte ist, nun aber nicht mehr unbesehen als das methodisch Primäre programmatisch ausgezeichnet sein soll.

Laienhaft ausgedrückt soll für ein bestimmtes, verfügbares Gemälde (wie z. B. Rembrandts »Der Mann mit dem Goldhelm«) physikalisch-chemisch für jeden Ort die chemische Zusammensetzung der kleinstmöglichen, technisch und theoretisch beherrschten Partikel bekannt sein. Alle physikalischen und chemischen Verfahren, die nicht zur Veränderung oder gar zur Zerstörung des Gemäldes führen, sind dafür zugelassen. Die Bedeutung der sprachlichen Mittel für diese physikalisch-chemische Beschreibung einschließlich etwa der Ergebnisse von Durchleuchtungs-, Ultraschall- und Thermographieverfahren verdankt sich der Fachsprache der eingesetzten Disziplinen.

Eine andere Frage ist deren Geltung. Wann ist eine solche Beschreibung nicht nur gültig, sondern auch vollständig? Dafür läßt sich, ungeachtet seiner technischen Realisierbarkeit, ein strenges Kriterium angeben: Die physikalisch-chemische Beschreibung eines Ölgemäldes heiße dann gültig und vollständig, wenn sie alle erforderlichen Informationen gibt, um eine perfekte Kopie des Gemäldes herzustellen. Die Kopie eines Gemäldes heiße perfekt, wenn sie mit keinem naturwissenschaftlichen Verfahren vom Original unterschieden werden kann.

Das zweite Sprachspiel der Ölbildmetapher betrifft das Gemälde als Gemälde und damit alle Aussagen darüber, was es darstellt, wer es gemalt hat, welcher Kunstrichtung es angehört, wo es gegenwärtig hängt, wem es gehört usw. Hier muß, wenn er nicht schon im ersten Schachzug des Vergleichs der beiden Sprachspiele verloren haben will, der Anhänger des naturwissenschaftlichen Programms protestieren. Wenn er klug oder ausreichend philosophisch informiert ist, wird er z. B. protestieren dagegen, daß aus der naturwissenschaftlichen Beschreibung des Gemäldes folgen soll, wem es gehört. Besitzverhältnisse werden nun einmal durch praktische Handlungen, also Beziehungshandlungen zwischen Menschen etabliert, die das betroffene Objekt ansonsten kausal nicht beeinflussen – bis auf den Ort, an dem es hängt. »X gehört y« beruht auf Beziehungshandlungen wie Kaufen und Verkaufen, Schenken, Stehlen usw. und betrifft damit *keine Beschreibung*, sondern eine *Zuschreibung* aufgrund einer Vorgeschichte des Gemäldes, die aus praktischen Handlungen besteht und die es durchlaufen hat, ohne sich selbst zu verändern.

Das heißt aber, daß sich in der Programmdiskussion der Vertreter des naturwissenschaftlichen Programms auf die Unterscheidung von Beschreiben und Zuschreiben einlassen muß. Für die Hirnforschung heißt dies insbesondere, daß sich der Neurowissenschaftler darauf einlassen muß, in einer Programmdiskussion zu rechtfertigen, *bestimmte Leistungen des Menschen* als Hirnfunktionen *beschreiben oder zuschreiben und damit erklären oder nicht erklären zu wollen.* Er muß also die Programmdiskussion ernst nehmen.

Zurück zum Gemälde als Gemälde und zum sogenannten »geisteswissenschaftlichen« Sprachspiel. Für das Gemälde »Der Mann mit dem Goldhelm«, das bekanntlich zu einem Expertenstreit unter Kunsthistorikern geführt hat, wer der Maler und wer der Dargestellte sei, sind die Grenzen der Gegenstandsbestimmung problematisch. Wo der Naturwissenschaftler das Gemälde nimmt, wie es ist, in sein Labor bringt und es in diesem nach den Regeln seiner Wissenschaft begrenzten Kontext seinen Untersuchungsverfahren unterwirft, ist eine solche Kontextbeschränkung für die andere Betrachtung etwa mit folgenden Fragen zu Bedeutung und Geltung der sprachlichen Mittel konfrontiert: Welche Rolle spielt es für die Beschreibung des Gemäldes, daß es kein Naturgegenstand, sondern ein von einem Menschen verfertigtes Kunstobjekt ist?

»Kunst« ist hier noch nicht im Sinne von »künstlerisch«, sondern von »künstlich« gemeint, also im Aristotelischen Sinne von »technisch« als »von einem Menschen hergestellt«. Jede wie in diesem Falle »poietische«, also handwerkliche Herstellung eines künstlichen Gegenstandes hat einen Autor, wörtlich einen Urheber. Wer immer den »Mann mit dem Goldhelm« gemalt hat, es muß ein Mensch in einem konkreten historischen Handlungszusammenhang gewesen sein, wenn es nicht mehrere Menschen, etwa ein skizzierender Meister und ein bewährter Kunstmalergeselle, waren. Wie auch immer, die Akteure haben bestimmte Zwecke und Ziele verfolgt, bestimmte Mittel gewählt und waren dabei, wie bei jeder Art herstellender Handlung, mit dem Problem des Gelingens und des Erfolges ihrer Handlungen konfrontiert.

Man verirrt sich nicht auf Ab- oder Seitenwege, wenn ein Gemälde als Gemälde, nämlich als von Menschen gemalt, beschrieben wird. Denn die Frage, was das Gemälde darstellt und ob speziell der Gesichtszug des Mannes, die Beleuchtung, der Typ des Helmes usw. eine geheime Botschaft des Malers transportieren solle oder z. B. den Wünschen des Käufers folgt, ist wesentlich für Bedeutung und Geltung der nicht naturwissenschaftlichen Beschreibung. Diese Fragen lassen sich ersichtlich lange fortsetzen, ja, ohne auf Abwege zu geraten, bis ins Unendliche. »Individuum ineffabile« (»das Individuum ist unaussprechlich, unbeschreibbar«), haben die Scholastiker dazu gesagt, und »de singularibus non est scientia« (»über einzelnes gibt es keine Wissenschaft«). Ob immer weitere Differenzierungen des Beschreibens sinnvoll oder nicht mehr sinnvoll sind, hängt ganz von den Fragen ab, die dadurch beantwortet werden sollen. Ein Gemälde hat eben eine Entstehungsgeschichte, die sich – durchaus auch naturwissenschaftlich von Interesse – z. B. bis auf die Gewinnung der Stoffe erstrecken kann, aus denen der Holzrahmen, die Leinwand oder die Farben stammen.

Andererseits ist die Rede über ein Gemälde als historisches Kulturprodukt mit prinzipiellen Grenzen jeder Hermeneutik konfrontiert: Wenn es denn für ein »Verständnis« des Gemäldes darauf ankäme, ob der Maler selbst zufrieden mit dem Ergebnis war, also seine Handlungen für gelungen und seine Zwecke für realisiert gehalten hat, dann ist eine *vollständige* Beschreibung analog dem naturwissenschaftlichen Kriterium der perfekten Kopierbarkeit nicht zu erhalten. Denn was sich im Kopf des Malers oder der Maler abgespielt hat an Zwecksetzungen, an kleinen Entdeckungen beim Übermalen einer Gesichtspartie usw., bleibt prinzipiell unzugänglich.

Sinnlose oder utopische Programme?

Die Ölbildmetapher steht für die Situation der Hirnforschung: Die beiden naturwissenschaftlichen Sprachspiele zur Beschreibung des Gehirns und des Gemäldes sind wenigstens in einer utopischen Idealisierung abschließbar. Auch über ein individuelles Hirn zu einem bestimmten Zeitpunkt läßt sich sagen: Das Gehirn ist naturwissenschaftlich vollständig beschrieben, wenn für jedes einzelne Teilchen (die Experten mögen entscheiden, ob dies etwa Elektronen, Atome, Moleküle oder andere sein sollen) Ort und Art zu einem bestimmten Zeitpunkt bekannt sind. Selbstverständlich weiß man, daß noch nicht einmal neuroanatomisch ein solcher Blick des Pascalschen Dämons möglich ist, von einer physikalisch vollständigen Beschreibung aufgrund quantenmechanischer Phänomene ganz zu schweigen. Aber Zweck des Arguments ist die Suche nach den Grenzen parasprachlicher Mittel, um ein rational nachvollziehbares und begründbares Programm zu formulieren.

Dies gesteht den Vertretern des naturwissenschaftlichen Programms alle Argumente des Typs »wenn wir erst einmal alle naturwissenschaftlich möglichen/alle naturwissenschaftlich erforderlichen Beschreibungen haben, dann werden wir erklären können, daß ...« als Wechsel auf die Zukunft zu. Auch dieses maximale Zugeständnis an verfügbarem naturwissenschaftlichen Wissen ändert nichts daran, daß auf der anderen Seite das Explanandum (Gemälde bzw. Mensch) nicht abschließbar, nicht begrenzbar ist. Und diese Offenheit der Beschreibung liegt nicht etwa am historischen oder künftig zu verbessernden Zustand der einschlägigen Geisteswissenschaften oder der Philosophie, sondern es handelt sich um prinzipielle Grenzen.

Auch der unverbesserliche Optimist eines naturwissenschaftlichen Erklärungsprogramms muß sich also bereits in der Programmdiskussion um die parasprachlichen Mittel kümmern, in denen er seine Forschungsziele formuliert. Kann er mit diesen Mitteln keine adäquate Bestimmung von Wortbedeutungen für seine Explananda und kein Kriterium für das Erreichen oder Verfehlen seines Beschreibungsprogramms für die nichtnaturwissenschaftliche Seite geben, *dann hat er eben kein Programm*. Mit anderen Worten, rationale Diskussionen von Programmen können zu der Einsicht führen, daß ein vermeintliches Programm *sinnlos* ist.

Sinnlose Programme dürfen nicht verwechselt werden mit utopischen, das heißt nicht realisierbaren. So erlaubt etwa das physikalische Wissen der Thermodynamik, das Konstruktionsziel eines Perpetuum mobile nach allen Regeln naturwissenschaftlicher Kunst zu formulieren. Also keine Probleme mit der Wortbedeutung! Aber das physikalische Wissen reicht aus, den Bau eines funktionierenden Perpetuum mobile für unmöglich zu halten. Das Programm ist also utopisch, aber semantisch nicht sinnlos.

Damit lautet das Fazit aus der Betrachtung der *Parasprache als Programmsprache*: Die Reflexion auf die sprachlichen Mittel einer Programmatik der Hirnforschung kann erweisen, daß Programme nach Analogie der Ölbildmetapher sinnlos sein können. Die Behauptung, daß sie tatsächlich sinnlos sind, ohne daß deshalb andere Programme wie die einer medizinisch-biologischen Grundlagenforschung sinnlos oder unrealistisch werden, ist begründungspflichtig.

Als große, vordringliche Aufgabe künftiger Hirnforschung kann damit festgehalten werden, daß sie über die zu erklärenden Sachverhalte (wie Determiniertheit statt Willensfreiheit) keine Scheindebatten mehr führt. (Während dieses Buch geschrieben wurde, ließ sich fast wöchentlich in Fernsehsendungen irgendein Hirnforscher betrachten, der von Willensfreiheit, Ich, Selbstbewußtsein oder Kognition sprach, ohne auch nur im geringsten von der Frage beunruhigt zu sein, was das heißt.) Weil vermeintliche Programme de facto nur nachträgliche Selbstverständnisse mit unseriösen Versprechungen verbinden, sollte die Naivität der dafür konstitutiven Sprachgebräuche aufgegeben werden.

Wenn es etwa darum gehen soll, eine Brücke von hirnphysiologischem Wissen zu psychischen Störungen, sozialen Auffälligkeiten, überdurchschnittlichen geistigen Leistungen oder ähnlichem zu schlagen, müssen – wie übrigens in der Medizin üblich – eben methodisch zuerst diese Defekte oder Leistungen bestimmt werden. Dazu sind die entsprechenden Kompetenzen einzusetzen, woher auch immer sie stammen. Ob eine natur- oder geisteswissenschaftliche Psychologie, ob eine philosophische Anthropologie oder eine Ideengeschichte der Kognitionsforschung herangezogen wird, es ist unerheblich, welcher Profession oder Fächergliederung ihr Autor angehört. Die parasprachliche Usurpations- oder Imperialismusgeste, mit der Naturwissenschaften immer weitere Bereiche der Geisteswissenschaften, der Philosophie oder andere der Kulturphänomene wie Religion, Wirtschaft oder Kunst der Domäne von Bedeutung und Geltung naturwissenschaftlicher Aussagen einverleiben, sollte sich verbieten.

Exemplarische Rekonstruktion von Explananda

Die Gegenüberstellung eines vom Ziel her gerechtfertigten und eines vom Ziel her sinnlosen Programms – »decade of the brain« versus »Manifest« (nichtmedizinischer Teil) – hat einen laxen parasprachlichen Gebrauch der Wörter für die Explananda kritisiert. Aber was könnte »die« Hirnforschung in diesem Punkt besser machen, das heißt, woher könnte sie eine brauchbare Beschreibung der »höheren« menschlichen Leistungen bekommen? Denn soviel ist in diesem Buch als nichtkontrovers unterstellt: Keine dieser Leistungen, die im alltagssprachlichen Verständnis mit Kognition, Ichbewußtsein, Sprachvermögen, Emotion, Handlungsautonomie usw. bezeichnet werden, ist *ohne* Beteiligung des Gehirns zu erbringen; und auch die »anderen« Leistungen, die hier unter dem Titel »Handeln« (*kinēsis*, *poiēsis*, *praxis*) zugrunde gelegt und sich einer anderen Philosophie als der von Hirnforschern bevorzugten verdanken, können *nicht ohne Gehirntätigkeit* stattfinden.

Explananda aus der Psychologie?

Zunächst könnte man an eine einschlägige Fachwissenschaft denken, als die wohl zuerst die *Psychologie* in Frage kommt. Tatsächlich sind heute die psychologischen Fachbereiche nicht nur fast durchweg erpicht darauf, den Naturwissenschaften zugerechnet zu werden, sondern sie beherbergen auch Lehrstühle für Neuropsychologie und entsprechende Forschungslabors. Damit ist aber auch bereits gesagt, warum von dort nur beschränkt Hilfe zu erwarten ist. Zumindest methodologisch ist nämlich das Bekenntnis zur Psychologie als Naturwissenschaft ein Bekenntnis zu einem zumindest methodologischen Behaviorismus, das heißt zu einer Orientierung an empirischen Methoden, die gerade den hier als zentral betrachteten Unterschied von Handeln und bloßem Verhalten nicht anerkennt (man vergleiche oben Kapitel 2), sondern programmatisch ausschließt. Zweckrationales Handeln, Handlungsverstehen in kommunikativen Zusammenhängen, Folgenverantwortlichkeit und vor allem die Autonomie der Person werden durch die speziellen Verfahren der Beobachtung und der experimentellen Untersuchung ausgeblendet.

Vom Prestige her – was gilt in der öffentlichen Meinung ein Psychologe gegenüber einem Physiker, Chemiker oder auch Biologen? – sind es meistens gerade die Psychologen, die ihrer Naturwissenschaftlichkeit besonderen Nachdruck verleihen. Und dies führt zu methodologischen Bekenntnissen wie »Erklären statt Verstehen«, wie »Tatsachenwissenschaft statt Hermeneutik« und anderen Vorentscheidungen gerade bezüglich der Explananda der Hirnforschung. Es werden sich kaum besondere Bemühungen finden lassen, die Traditionen der Geisteswissenschaften und der Philosophie, der Dichtung und anderer, kurz der Geistes- und Kulturgeschichte, in eine naturwissenschaftliche Psychologie zu integrieren. Die Psychologie ist, pauschal gesprochen, heute der aktivste Posten für eine Biologisierung des Menschen, für eine Naturalisierung des Menschenbildes. »Die« Hirnforschung kann also nicht darauf rechnen, brauchbare Bestimmungen ihrer Explananda aus der Psychologie zu erhalten, obwohl doch dort die

Fachleute für das Geschäft des operationalen Definierens sitzen.

Explananda aus den Geisteswissenschaften?

Auch eine zweite Adresse für einen Bezug geeigneter Bestimmungen von Explananda, sozusagen am anderen Ende des Fächerspektrums, scheidet leider aus: die historischen und hermeneutischen Wissenschaften, also *die Geisteswissenschaften* im klassischen, engeren Sinne (unterschieden von den »Geisteswissenschaften« im Sinne der Restklasse »alles, was keine Naturwissenschaft ist«). Der Grund ist deren Erkenntnisinteresse, das sich vom naturwissenschaftlichen prinzipiell unterscheidet:

Naturwissenschaften suchen nach universellen Aussagen. Für den Physiker ist jeder Körper oder jedes Teilchen, für den Chemiker jede Stoffprobe und für den Biologen jedes Tier, jeder Organismus, nur ein Exemplar von etwas, nur ein Repräsentant eines Typs. Zwar besteht wenig philosophisches Verständnis unter Naturwissenschaftlern, daß diese Ausrichtung auf das Naturgesetzliche, also auf das Universelle, allein durch die Forschungsmethoden und die daran geknüpften Sprechweisen eingelöst und gleichzeitig im tatsächlichen Forschungsprozeß doch immer am konkret Individuellen, Einzelnen vollzogen werden muß. Keine Konjunktur hat in den Naturwissenschaften, nach den methodologischen Mitteln zu fragen, wie man von der jeweils einzelnen, von einem bestimmten menschlichen Individuum vollzogenen Beobachtung, Messung usw. zu allgemeingültigen Aussagen übergeht (und dabei Universalität im Objektbereich von Transsubjektivität im Subjektbereich unterscheiden muß). Es wird einer Vulgärmetaphysik überlassen, den Glauben an eine menschenunabhängige Naturgesetzlichkeit als sozialpsychologische Duftmarke der Zugehörigkeit zur »community« zu bekunden.

Die typisch geisteswissenschaftliche Form, das Singuläre, Individuelle, Geschichtliche zu erforschen, wird dagegen von Naturwissenschaftlern nicht als »wissenschaftlich« angesehen. Und tatsächlich ist es kaum von den »klassischen« Geisteswissenschaftlern zu erwarten, etwa arbeitsteilig für »die« Naturwissenschaften nach operativen Universalisierungen individueller menschlicher Qualitäten zu suchen.

Und wie steht es mit dieser Erwartung aus interner Sicht der Geisteswissenschaften selbst? Tatsächlich bezweifelt dort niemand den doppelt historischen Charakter des typisch Menschlichen und aller seiner Leistungen: Jeder einzelne Mensch hat eine individuelle Lerngeschichte, eine Biographie, die ihren Sitz in einem speziellen kulturhistorischen Umfeld hat. Der Mensch wird räumlich und zeitlich, also geographisch und historisch, in eine bestimmte Situation hineingeboren und durchläuft darin seine Individualgeschichte. Dies gilt, grosso modo, auch für andere historische Individuen wie Institutionen, für Großereignisse wie Kriege, ja für »natürliche«, also Nationalsprachen, für Künste, Religionen, Wirtschaftsformen, Rechtssysteme usw. Wer dabei gleich mit dem methodologischen Holzhammer der Universalisierung käme, würde gerade den Zugang zur einzelnen Person, zur einzelnen Tat, zur einzelnen Geschichte, zum einzelnen Glück oder Unglück verspielen.

Leider verspielen »die« Geisteswissenschaften aus der hier vertretenen Sicht philosophischer Sprachkritik ebenfalls eine Möglichkeit, wenn sie z. B. nicht bei den Rechtswissenschaften in die Lehre gehen. Dort gehört es nämlich sozusagen zum kleinen Einmaleins, daß Gesetze formuliert, etabliert und exekutiert werden müssen, die das Einzelne unter das Allgemeine subsumieren. Insbesondere der Richter, in unserer Verfassung geschützt in seiner Unabhängigkeit, hat in der Einzelfallbeurteilung ein allgemeines Gesetz anzuwenden, auszulegen und dabei seine Urteilskraft (auch im philosophischen Sinne des Wortes) unter Beweis zu stellen. Und leider verspielen »die« Hirnforscher die Chance, analog bei den Medizinern in die Lehre zu gehen. Denn auch dort geht es der ärztlichen Kunst in Diagnose und Therapie um die Subsumtion des einzelnen Falles, also eines bestimmten, individuellen Menschen, unter ein universell formuliertes und begründetes medizinisches Wissen.

Explananda aus der Philosophie?

Bliebe noch *die Philosophie*. Kann sie nicht die Explananda für die Hirnforschung bereitstellen? Sind nicht die Philosophen die Fachleute für Themen wie Willensfreiheit, Bewußtsein, Kognition, Intentionalität? Hier muß man differenzieren:

»Die« Philosophie gibt es nicht. Historisch gesehen ist das heutige akademische Fach Philosophie der Rest einer in der griechischen Antike noch alle Wissenschaften umfassenden Bemühung um Erkenntnis, nachdem alle heutigen Fachwissenschaften aus ihr ausgezogen sind. Mathematik und astronomische Kosmologie waren die ersten, Evolutionsbiologie, Informationstheorie und Hirnforschung die bisher letzten dieser Fächerexporte. Diesen Auszug von Fachwissenschaften, der ja immer auch eine Emanzipation von der Philosophie war, haben nicht alle philosophischen Richtungen gleich gut verschmerzt.

In der hier gebotenen Kürze lassen sich zwei Extreme der Reaktionen unterscheiden: Die eine Sorte von Philosophien läuft den exportierten Wissenschaften hinterher, als eine submissive *ancilla scientiae*, als allzu brave Magd der (Natur-)Wissenschaften. Die andere Sorte besinnt sich auf das traditionelle Aufgabenfeld der Kritik. Schon Platon hatte an den Geometern seiner Zeit beanstandet, wie sie mit den unbestimmten Grundbegriffen ihrer Theorie umgehen. In diese durch die Zeiten lebendige Tradition gehört auch der in diesem Buch unternommene Versuch einer Kritik zur Sprache der Hirnforschung.

Analytische Philosophie des Geistes

Heute gibt es, vergröbert gesagt, auf der einen Seite der affirmativen, den Gang und die Inhalte der Naturwissenschaften analysierenden und beschreibenden Philosophie eine wichtige, nämlich im englischen Sprachraum dominante »Analytische Philosophie des Geistes«. Sie ist parallel zu den naturwissenschaftlichen Kognitionswissenschaften entstanden und hat sich auf Begriffe und Positionen konzentriert, die einige sprachphilosophische und erkenntnistheoretische Errungenschaften des 19. Jahrhunderts fortführen; aber sie hat aus dem Ende der Analytischen Wissenschaftstheorie eine resignative Grundhaltung gegenüber Ansprüchen auf Rationalität und damit gegenüber der Rolle der Philosophie für die (Natur-)Wissenschaften übernommen.

Schon Poppers Falsifikationismus hat den Naturwissenschaften nicht mehr zugestanden als eine graduelle Verbesserung der Geltung von allgemeinen Hypothesen gegenüber speziellen (sogenannten »Basis-«)Sätzen, wo die Philosophen des Wiener

Kreises noch nach sprachlicher Disziplin und universeller Überprüfbarkeit physikalischer Sätze gesucht haben. Der Streit um die Rationalität der Physik als naturwissenschaftlicher Paradedisziplin hat in Paul Feyerabends anarchistischer Wissenschaftstheorie (Motto »anything goes«), in Thomas S. Kuhns historisierender und soziologisierender Wissenschaftsphilosophie (»Paradigmenwechsel«) und in der superrelativistischen Philosophie Willard Van Orman Quines (»epistemology naturalized«) zu einem Ende der Analytischen Wissenschaftstheorie geführt, dem sich die Analytische Philosophie des Geistes nahtlos angeschlossen hat.

Deshalb hat sie, sehr pauschal gesprochen, ein neues Geschäft für sich erfunden, das des Rangierbetriebs zwischen Positionen, benannt als »-Ismen«. Was Naturwissenschaftler als Kognitions- oder Hirnforscher treiben, wird in Textform als fertig gegebener Gegenstand genommen, analysiert und beschrieben. Ergebnis dieser Bemühungen ist die Identifizierung von Positionen, die dann im Sprachspiel des Wenn-dann-Duktus wie philosophische Module, Fertigbausteine, hin- und hergeschoben werden, meistens in Umgebung von Körper-Geist-, Qualia-, Intentionalitäts- und anderen Naturalisierungsproblemen. Gegensätze wie monistisch/dualistisch, funktionalistisch/strukturalistisch, kausalistisch/emergentistisch, kompatibilistisch/reduktionistisch und andere werden scharfsinnig ausbuchstabiert und in einer Art Soll-und-Haben-Rechnung gegeneinandergehalten.

Nur eines findet man in diesen teilweise in dicksten Wälzern abgehandelten Debatten nicht: Ergebnisse im Sinne brauchbarer Definitionen, brauchbar für den Hirnforscher z. B. als Explanandum, wo ihm ein Begriff der Willensfreiheit oder der Kognition, des Selbstbewußtseins oder der Intention fehlt. Die

Zunft dieser wissenschaftspolitisch durchaus erfolgreichen Philosophen hat wieder einmal die Kunst perfektioniert, die eigenen Probleme selbst zu erzeugen und hermetisch gegen den Druck zur Praxisrelevanz abzuschirmen. Diese Charakterisierung ist, gemessen an den Selbstverständnissen und frei gewählten Aufgabenbereichen, nicht polemisch gemeint. Man beansprucht nicht, eine *ancilla scientiae* durch philosophische Wissenschaftskritik zu sein und als gelegentlich unbotmäßige Magd an der Nützlichkeit der eigenen Dienste gemessen zu werden.

Diese prominent englischsprachigen Entwicklungen hat die deutschsprachige Philosophie in vielen ihrer Vertreter durch doppelte Selbstverleugnung übernommen, einmal gegenüber den Naturwissenschaften und einmal gegenüber der englischsprachigen Literatur. Umgekehrt proportional zur Selbsteinschätzung, durch Bezug zur englischsprachigen Debatte Weltniveau zu halten, hat sich die deutschsprachige Form dieser Philosophie selbst marginalisiert. Für beide Formen der Selbstverleugnung genügt heute ein religionsähnliches Bekenntnis zum »Naturalismus« im Sinne eines Alleinvertretungsanspruches der Naturwissenschaften. Man ahnt, daß dies wegen gleicher oder ähnlicher Grundüberzeugungen eine gewisse Nähe von Hirnforschern und Analytischen Philosophen des Geistes bewirkt, was sich in der deutschsprachigen Literatur leicht und vielfach nachweisen läßt.

Und wie steht es mit den Philosophen, die im Gegensatz zur Analytischen Philosophie der deutschsprachigen Tradition mit ihren gewaltigen Themen wie Idealismus, Phänomenologie und anderen ihre Arbeitskraft widmen? Sie sind in überwältigender Mehrheit auf die Geschichte der Philosophie (im Sinne von Geschichtsschreibung) ausgewichen. Prozentual sind Philosophische Gesellschaften, Lehrstühle deutscher Universitäten, Tagungen, selbstverständlich Editionen und Publikationen für Experten wie für Laien (bis hin zu Bestsellern wie *Sofies Welt* oder *Wer bin ich – und wenn ja, wie viele?*) ganz auf die Philosophiegeschichtsschreibung orientiert. Zwar hört man von dort auch gelegentlich einen kritischen Einwurf zur Hirnforschungsdebatte. Zu Recht wird dort etwa die historische Naivität der Rede von Willensfreiheit kritisiert. Zu Recht wird hier darauf verwiesen, daß, wer seine Geschichte nicht kennt, ihre Fehler wiederholen muß (Jacob Burckhardt). Aber irgendeine konkrete Hilfe für »die« Hirnforschung ist nicht zu erwarten.

Philosophie als Wissenschaftskritik

Man könnte also die Situation für verzweifelt halten. Tatsächlich werden die Hirnforscher von den Geisteswissenschaften und der Philosophie im Stich gelassen. Genau dies ist der rechte Ort zu begründen, warum in diesem Buch die Philosophie nicht einfach zu den Geisteswissenschaften gerechnet, sondern stets eigens erwähnt wird: Wo Philosophie Sprach- und Methodenkritik der Wissenschaften betreibt, muß sie zu den Natur- wie zu den Geisteswissenschaften dieselbe kritische Distanz halten.

Insofern gehen diejenigen Hirnforscher, die in philosophischer Kritik an ihren Ergebnissen – oder, wie in diesem Buch, an ihrem Sprach- und Methodenverständnis – einen Streit zwischen Natur- und Geisteswissenschaften sehen, von einem zu engen Wissenschaftsverständnis aus: Sie sehen nur die Naturwissenschaften (in einem höchst fragwürdigen philosophischen, vor allem naturalistischen Verständnis) und den Rest »Geisteswissenschaften«, ohne der Mathematik, den Informationswissenschaften, den Rechts- und Wirtschaftswissenschaften, den Ingenieuren und vielen anderen eine adäquate Einordnung zu gönnen. Und sie sehen keine Philosophie verschieden von den Geisteswissenschaften. Kurz: Die hier vorgetragene Kritik am Defizit der Explananda der Hirnforschung hat nichts, aber auch gar nichts mit einem Streit Natur- gegen Geisteswissenschaften zu tun.

Gehen wir deshalb noch einmal auf die Nähe von Analytischer Philosophie des Geistes und Hirnforschung zurück, um exemplarisch einen Blick auf mögliche Folgen zu werfen. Man findet bei mehreren Hirnforschern die Rede von der »Dritten-Person-Perspektive« im Unterschied zur Perspektive der ersten Person. Selbstverständlich spricht der Neuroanatom und -physiologe über seine Untersuchungsobjekte in der dritten Person. Entsprechend sind auch die in der Künstlichen-Intelligenz-Forschung aufgeworfenen Fragen, ob etwa Computer autonom denken, entscheiden, verstehen oder ähnliches könnten, in der dritten Person formuliert.

Andererseits sind die Explananda wie Willensfreiheit, Bewußtsein, Erlebnisqualitäten, Absichten usw., die erst Spannung in die Hirnforschungsdebatte gebracht haben, aus Sicht der experimentellen Hirnforscher dem Bereich der persönlichen Auskünfte, der subjektiven Gewißheiten und individuellen Empfindlichkeiten zuzurechnen. Solche Auskünfte werden sprachlich in der ersten Person formuliert: »Ich bin mir sicher, daß ...« Deshalb läßt sich der als Skandal empfundene oder doch wenigstens behauptete Gegensatz der naturwissenschaftlich objektiven und der lebensweltlich subjektiven Gegenstände als ein solcher der Perspektiven der dritten und der ersten Person auffassen.

Damit hat »die« Hirnforschung, genauer haben die Hirnforscher, die diesen Gegensatz heranziehen, eine Anleihe bei der Analytischen Philosophie des Geistes genommen, nicht ahnend, welche Hintergrundphilosophie dabei gleich mit »eingekauft« wurde. Ziehen wir exemplarisch, schon wegen des passenden Titels, Daniel C. Dennetts Aufsatz »Zum Schutz der wissenschaftlichen Untersuchung des Bewußtseins vor ideologischen Debatten« (2003) heran.[11] Ihm geht es um »Dritte-Person-Wissenschaft vom Bewußtsein«, die nach »beträchtlicher Übereinstimmung [...] methodologisch defizitär« sei, so daß eine »Erste-Person-« und vielleicht auch eine »Zweite-Person-Wissenschaft des Bewußtseins« etwa mit »Empathie« für die beschriebene Person gesucht sei. Seine These lautet: »Die Dritte-Person-Methoden der Naturwissenschaften reichen völlig hin, um das Bewußtsein ebenso vollständig zu untersuchen, wie jedes andere Naturphänomen untersucht werden kann, ohne daß dabei etwas Bedeutsames ausgelassen würde.«

Zunächst tut man dem Autor kein Unrecht an, ihn geradewegs einen Naturalisten zu nennen, wenn er »das Bewußtsein« als »Naturphänomen« bezeichnet. Die Nähe zu »der« Hirnforschung ist also gesichert, auch wenn diese in Dennett keinen Unterstützer der These findet, mit der Unterscheidung der Perspektiven der ersten und dritten Person zugleich den Unterschied zwischen dem naturwissenschaftlich Erklärenden *(explanans)* und dem lebensweltlich zu Erklärenden *(explanandum)* zu erfassen.

Denn man darf nicht überlesen, daß die Neutralität der Heterophänomenologie (wörtlich einer Lehre von Phänomenen, die sich an anderen Menschen zeigen) durchaus der Ersten-Person-Erfahrung gerecht wird.[12] Dennetts eigener Terminus »Heterophänomenologie« meint »den *neutralen* Pfad, der von der objektiven physikalischen Wissenschaft und ihrem

Festhalten an der Perspektive der Dritten Person zu einer Methode der phänomenologischen Beschreibung führt, die den allerprivatesten und unbeschreiblichen subjektiven Erfahrungen (prinzipiell) gerecht werden kann«.[13]

Hier möchte man nicht nur nachfragen, welche Wissenschaftstheorie der Physik dem Autor die Feder führt (was ist »objektive Wissenschaft«?). Das Ankerwort ist hier »Beschreibung«.

Offensichtlich – und das »kauft« der Hirnforscher unerkannt mit der Unterscheidung der verschiedenen Personen-Perspektiven »ein« – geht es um die Beschreibung der mentalen Gegenstände in der »Ersten-Person-Perspektive«.

Nun steht hier ja der prinzipiell unausweichlich sprachliche Charakter der Debatte nicht in Frage. Aber geht es deshalb um »Beschreibung«? Worum soll es sonst gehen? Ist, mit anderen Worten, der Sprechweise von »dem Ich« oder »dem Selbst« (und entsprechenden Aspekten des Bewußtseins) sprachlich nicht anders beizukommen als durch Beschreibungen?

Explanandum für Beobachter oder Teilnehmer?

Wir übernehmen hier eine geläufige Unterscheidung, wenn wir eine Beobachter- von einer Teilnehmerperspektive unterscheiden. Um zur Erläuterung gleich die Wissenschaften von den Organismen heranzuziehen: Die Aussagen eines Anatomen, der das menschliche Skelett beschreibt, sind *in ihrer Geltung* unabhängig davon, daß der Anatom selbst das beschriebene Skelett besitzt. Er beschreibt das Skelett aus einer *Beobachterperspektive.* Sein Explanandum ist von seiner eigenen Konstitution diesbezüglich unabhängig.

Schon der Sinnesphysiologe, der z. B. das visuelle System des Menschen erforscht, hat kein Explanandum ohne seine eigene vor- und außerwissenschaftliche Praxis des Sehens. Er kann sehen und weiß *vor* aller Labor-Empirie, was »Sehen« ist, das heißt, er ist eingeübt in ein »Sehen-Sprachspiel« des Alltagslebens. »Hast du das gesehen?« ist ihm ebenso verständlich wie »Schau genau hin!« oder »Was zeigt der Blick durchs Schlüsselloch?«. Nicht die Physiologie definiert »Sehen« als Wort für ein Explanandum, sondern die Alltagssprache hält es bereit. Ohne sein *eigenes* Sehen hätte also seine Naturwissenschaft kein Explanandum, keine Aufgabe, keinen Gegenstand. Er nimmt also die *Teilnehmerperspektive* ein.

Vollzug statt Beschreibung

Beide Perspektiven sind solche der *Beschreibung*, und es sind die einzigen, die einem Analytischen Philosophen wie Dennett zugänglich sind. Aber noch wurde dabei nur geredet, nicht im Labor geforscht. *Dabei* nämlich muß der Physiologe das Sehen aktuell *vollziehen*, sonst hätte er keine Methode. Wenn also die *Geltung* der sprachlich formulierten Laborbefunde herbeigeführt und ausgewiesen werden soll, muß der Physiologe die Beschreibungsperspektive verlassen und die *Vollzugsperspektive* einnehmen.

Die gesamte analytische Philosophietradition hat zur Vollzugsperspektive kein Verhältnis. Sie kommt, als Alternative zu den genannten Beschreibungsperspektiven, einfach nicht vor.

Im Alltagsleben ist das anders: Wer würde nicht einen wichtigen Unterschied darin sehen, ob man mit dem Beschreiber oder dem Vollzieher eines Mordes befreundet ist, also z. B. mit einem Krimiautor oder mit einem Mörder? Und wer würde nicht einen Streit darüber, ob ein Sprecher etwas Bestimmtes kann oder nicht kann, nicht mit einem »hic Rhodos, hic salta!« für abschließbar halten (als antikes Beispiel des Großsprechers, er habe in Rhodos einen gewaltigen Sprung getan: »Hier ist Rhodos, hier springe!«).

Die Hirnforscher, die aus der Analytischen Philosophie des Geistes nur die Beschreibung als Mittel kennen, um die erste von der dritten (oder der zweiten) Person-Perspektive zu unterscheiden, werden deshalb erst einmal umlernen müssen. Nur aus der Vollzugsperspektive ist für ihre Rede vom »Ich« oder »Selbst« in substantivischer Form (und all den anderen an Vollzüge geknüpften mentalen Zuständen und Ereignissen in der traditionellen Bildungssprache) eine Klärung des Wortgebrauchs und damit ein möglicher Bezug zu ihren empirischen Forschungen zu gewinnen.

Dennett irrt jedenfalls, wenn er allein unter der Beschreibungsperspektive verbleibt und dort seine These von der Wissenschaftlichkeit der Dritte-Person-Theorie des Bewußtseins verteidigt: »Eine ›Erste-Person‹-Wissenschaft des Bewußtseins wird entweder letztlich in die Heterophänomenologie zurückfallen oder eine nicht akzeptable Befangenheit seitens ihrer Anfangsannahmen offenbaren«.[14] Daß Wissenschaften tatsächlich vollzogen werden müssen, um in die Welt zu kommen, und deshalb immer auch aus der Vollzugsperspektive beschrieben werden müssen, spielt für seine Diskussion keine Rolle. Als Analytiker hält er sich an Texte, an ihre Ergebnisberichte als die Form, in der ihm die Wissenschaften gegeben sind. Sein Plädoyer für eine Wissenschaft der »Dritten-Person-Perspektive« über das Bewußtsein verkennnt also, daß er selbst durch Ausklammern der Vollzugsperspektive seine eigene Philosophie nur in der Perspektive der dritten Person formulieren kann. Nur die methodische Philosophie nimmt gegenüber den Wissenschaften auch die Vollzugsperspektive ein.

Die Rede vom »Ich«

Selbstverständlich kann hier keine »Theorie« der höheren Explananda der Hirnforschung oder gar eine Bestimmung für strittige Erklärungsziele wie Willensfreiheit, Selbstbewußtsein, Intentionalität oder andere prominente Beispiele gegeben werden. Aber um die vorstehende Kritik an ungeklärten sprachphilosophischen Prämissen anschaulicher zu machen, sei ein Beispiel wenigstens angedeutet: Wie läßt sich »das Ich« in der Hirnforschung methodisch aus der Vollzugsperspektive zu einem handhabbaren Gegenstand machen?

Niemand, der der deutschen Sprache mächtig ist, wird ein Problem mit dem Wörtchen »ich« haben. Als kleine Kinder lernen wir nach und nach die Personalpronomina in der ersten, zweiten und dritten Person in Ein- und Mehrzahl zu gebrauchen und der Grammatik der vier Fälle zu unterwerfen; letzteres manchmal nur noch in gehobenen Sprechpraxen. Sonst ist dann oft »der Dativ dem Genitiv sein Tod«. Und parallel zu »ich, du, er/sie/es« usw. lernen wir die Possessivpronomina »mein, dein, sein . . ., unser, euer, ihr« und deren grammatische Deklinationen. Was in dieser Lerngeschichte aber nicht vorkommt, ist der substantivische Gebrauch »das Ich«. Das Ich taucht erst in einer abstrakten Bildungssprache auf. Dieser Übergang von der Alltagssprache der Pronomina zur Bildungssprache der Substantive ist nicht ohne Tücken.

Mit einer Versubstantivierung suggeriert der Sprachgebrauch, daß es da eine Substanz, eine neue Sache gibt, von der die Rede ist; die deutsche grammatische Terminologie mit ihrer Bezeichnung »Dingwort« legt dazu auch »Verdinglichung« nahe. Was hat es mit dem sprachlich erzeugten Ding »das Ich« auf sich?

Zuerst ein einfaches Beispiel. Niemand wird Schwierigkeiten haben, sich oder etwas zu bewegen und dies entsprechend auch zu sagen. Das Verb »bewegen« ist so harmlos wie das Adjektiv bzw. Partizip Perfekt Passiv »bewegt«. Auch die Versubstantivierung zur »Bewegung« erscheint auf den ersten Blick harmlos. Man beachte nur die Bedeutungsgleichheit der Sätze »Der Uhrzeiger bewegt sich gleichmäßig« und »Die Bewegung des Uhrzeigers ist gleichmäßig«. Die Harmlosigkeit dieses Übergangs liegt in der Ersetzbarkeit des zweiten durch den ersten Satz. Da kommt kein neuer Gegenstand in die Debatte, sondern nur eine neue Ausdrucksweise anstatt der alten.

Aber dieser Eindruck täuscht. Denn das Substantiv Bewegung eröffnet eine Menge neuer Ausdrucksmöglichkeiten, die gerade nicht bedeutungsgleich auf das Verb »bewegen« oder eine seiner Formen zurückzuführen sind. So kann man – wie etwa Aristoteles in seiner »Physik« – fragen, ob jede Bewegung Anfang, Ende oder einen unbewegten Beweger hat. Und hat jede Bewegung eine Richtung oder eine Geschwindigkeit, die sich nur kontinuierlich, nicht sprunghaft (»unstetig«) ändern kann?

Nicht alle dieser Fragen lassen sich bedeutungsgleich übersetzen in solche, die mit den zugehörigen Verben oder Adjektiven formuliert sind. Der Rest, der allein wegen seiner grammatischen Korrektheit verständlich klingt, ist hochverdächtig, Scheinprobleme aufzuwerfen. Für »das Ich« gilt dasselbe: Der substantivische Gebrauch des Pronomens »ich« erlaubt zahlreiche grammatisch korrekte Formulierungen, die nur scheinbar sinnvoll sind. Um diesen sinnlosen Gebrauch zu identifizieren, muß bestimmt werden, was den ursprünglichen, pronominalen Gebrauch sinnvoll macht. Wozu benötigen wir – zunächst in der Alltagssprache – Personal- und Possessivpronomina? Man werfe dazu einen Blick auf den Erwerb der Muttersprache.

Die Lerngeschichte der Muttersprache ist nicht isoliert gegen die Lerngeschichte zu handeln. Angeboren sind uns sicher manche Verhaltensformen, die sich mit dem Heranwachsen von Natur aus weiter differenzieren: Ein Kleinkind fällt, schläft, erschrickt, atmet anders als ein Erwachsener. Handeln dagegen müssen wir lernen. Wir werden durch andere, durch die Umgebung der Sprech- und Handlungsgemeinschaft, darin eingeübt und darauf aufmerksam (gemacht), daß auf manche unserer Regungen Anerkennung oder Mißbilligung, Lob oder Tadel folgen; so erlernt, werden schon die einfachsten Bewegungen wie Gehen, Trinken aus einer Tasse, Essen mit dem Löffel; dann die herstellenden Handlungen wie das Zusammensetzen eines Puzzles, das Bauen mit Klötzen; aber auch das absichtliche (»bewußte«) Vergießen von Kakao, Zerstören des Turms eines Geschwisters usw. Schließlich wird das Sprechen selbst von solchen Bewertungen nach richtig und falsch, nach lieb und böse und anderen begleitet. Hier eine kleine Bewunderung für das neue Wort, dort eine Nachfrage oder Verbesserung zu einer unverstandenen Äußerung – auch wenn dies den Erziehenden oft wie nebenbei unterläuft.

Ungeachtet aller Grenzfälle, in denen schwer zu sagen ist, ob etwas ein bloß angeborenes, natürliches Verhalten oder ein anerzogenes, kultürliches Handeln in Routine ist, läßt sich für eine wissenschaftliche Diskussion »Handeln« als das bezeichnen, was uns von anderen aus unserer Alltagsumgebung als Verdienst oder Verschulden zugerechnet wird (siehe oben Kapitel 2). Wir lernen allmählich (unter anderem über Wörter wie »versehentlich« oder »absichtlich«, die im öffentlichen Leben den juristischen Begriffen »fahrlässig« und »vorsätzlich« in etwa entsprechen), zu unterscheiden zwischen Handlungen und bloßem Verhalten; wir erlernen damit auch die in Kapitel 2 angeschlossenen Unterscheidungen, etwa bezüglich »unterlassen« oder »sinnvoll auffordern zu«. So wäre »wirf!« sinnvoll, »erschrick mal!« dagegen nicht. Und hier haben die persönlichen Pronomina ihren Sitz im Leben!

Wo ein Malheur passiert ist, wird gefragt: Wer war das? Oder: Warst du das? Oder schlimmer: Was hast du da angestellt? »Ich war das nicht!« »Er war es!« »Sie hat das Tischtuch bemalt.« Wie auch immer solche Lerngeschichten konkret verlaufen, die *Personalpronomina* sind *unverzichtbar, um eine Handlung einer Person zuzurechnen und darüber zu kommunizieren.*

Personalpronomina wie »ich« sind also unverzichtbar für das Zusammenleben der Handlungs- und Sprechgemeinschaft, in der Menschen (aller Kulturen) aufwachsen. Das Aristotelische »Der Mensch zeugt den Menschen« war nicht im Sinne biologischer Fortpflanzung gemeint, sondern auf die Abhängigkeit des Menschen von menschlicher Gemeinschaft gemünzt. Die Personal- und Possessivpronomina, zentral das Wörtchen »ich«, machen den Menschen zum Mitglied seiner Kulturgemeinschaft, machen ihn damit erst zum Menschen. Selbst wenn Tiere sprechen könnten, können sie schon deshalb nicht »ich« sagen (oder »denken«), weil ihnen niemand ihr (bloßes!) Verhalten als Schuld oder Verdienst zurechnet. Man darf sogar empirisch vermuten, daß es ihnen in keiner Weise beigebracht werden kann. (Der aufmerksame Leser von Kapitel 2 wird natürlich einwenden, daß Tiere ohne Unterscheidungsfähigkeit von zugerechnetem Handeln und nicht zurechenbarem bloßem Verhalten auch nicht sprechen lernen können, die Prämisse also nicht nur kontrafaktisch, sondern selbstwidersprüchlich ist.)

Diese Rolle der Personalpronomina für den Handlungserwerb gilt nicht nur für die kindliche Lernsituation. Jeder kompetente Sprecher der deutschen Sprache kann sich zu seiner alltäglichen Redepraxis selbst einen Überblick verschaffen, wozu ihm die Personalpronomina unentbehrlich sind; und die Possessivpronomina sind, noch vor aller Einsicht etwa in den Unterschied von Besitz und Eigentum, ebenfalls unentbehrlich, nicht etwa nur für Dinge, die man bekommen, haben, verlieren, verschenken usw. kann, sondern primär und zentral für die eigenen Handlungen und Widerfahrnisse.

Wenn also heute in einer Debatte zu den Neurowissenschaften »das Ich« sogleich von Positionen her thematisiert wird, die sich anscheinend unvermeidbaren Gegensätzen wie natur- und geisteswissenschaftlich, kausal erklärend und hermeneutisch verstehend oder anderen Vereinfachungen und Voreingenommenheiten verpflichtet fühlen, wäre ein wenig Sprachkritik förderlich. Und förderlich wäre das Wissen, daß es eine methodische Alternative im Einnehmen einer Vollzugsperspektive gibt.

Es ist vor allem unbedacht, wenn als philosophische Entdekkung gepriesen wird, daß Computer als mögliche Modelle für gewisse Hirnfunktionen nur die »Perspektive der dritten Person« einnehmen können. Wenn dann gesagt wird, »das Bewußtsein« könne nicht ohne die »Erste-Person-Perspektive« erfaßt werden, die sich als die Perspektive »des Ichs« ausgibt, ist wieder sprachkritisch anzumerken: »Bewußtsein« ist eine weitere Versubstantivierung eines Adjektivs, nämlich von »bewußt« als »absichtlich« oder als Gegensatz zu »bewußtlos«:

Der Rettungssanitäter unterscheidet bei einem Unfallopfer »ansprechbar« und »bewußtlos«. Er orientiert sich praktisch also an der Kommunikations- und Kooperationsfähigkeit des Menschen. »Das Bewußtsein« kann, je nach konkretem Erkenntnisinteresse, eine methodische Rekonstruktion von Sprechweisen durch Rückgang auf die Lerngeschichte der Personalpronomina in der Alltagssprache erfahren und dabei für eine empirische Untersuchung adäquat operationalisiert werden. Von der Unverzichtbarkeit des Wortes »selbst« für unsere alltägliche Sozialkompetenz wäre ähnliches vorzutragen wie oben zu »ich« und entsprechend für »das Selbst«.

Hier beschränken sich nicht nur Hirnforscher, sondern auch Philosophen des Geistes gern auf Appelle oder gar Unterstellungen, die Rede von »dem Ich«, »dem Bewußtsein« usw. verstünde ohnehin jeder; dies gehöre sozusagen zur Grundausstattung unseres Selbstverständnisses oder Selbstbewußtseins, das wir ja alle hätten, etwa aus den Üblichkeiten der Alltagssprache. Und man spricht von »Wortpolizei« (Michael Pauen), wo Klärung und Definition für wissenschaftliches Sprechen eingefordert wird. Wo manche Hirnforscher ihre naturwissenschaftlich-medizinischen Gebiete weit hinter sich lassen und voller Aufklärungselan unsere traditionellen, angeblich »experimentell widerlegten« Selbstbilder zitieren, bedienen sie sich einer Sprache, die »feiert«, wie Ludwig Wittgenstein es genannt hat: Hier verselbständigt sich grammatisch Korrektes zur sinnlosen Redeweise. Alltagssprache wird verwechselt mit wissenschaftlicher oder philosophischer Sprache. Damit wird aber auch der Bereich des empirisch Erforschten, des durch Beobachtung oder Experimente solide Zugänglichen verlassen.

Zugegeben, man muß sprachvergessenen Empiristen (und, philosophiehistorisch tragisch, auch sprachvergessenen Philosophen) erläutern, wieso nun gerade Verben (»bewegen«), Adjektive (»schnell«) oder Personalpronomina (»ich«) weniger gefährlich sein sollen, Scheinprobleme zu erzeugen, als Substantive. Selbstverständlich sind hier keine Substantive für Dinge wie Steine, Tiere oder Möbel gemeint, sondern solche, die durch Versubstantivierung gebildet sind; ihnen liegen nämlich Wörter zugrunde, deren Bedeutung als ihr Gebrauch in unserer Alltagspraxis etabliert ist. Ihr Gebrauch ist also exemplarisch kontrollierbar, im Zweifel kritisierbar, revidierbar und normierbar. Dies gilt herausragend für Handlungsverben. Ihre Exemplare sind durch Vollzug jederzeit verfügbar – man vergleiche die oben diskutierte Einführung der Wörter »früher als«/»später als«. Adjektive kommen ebenso praktisch und exemplarisch kontrollierbar im Handlungskontext vor. Wo eine explizite Definition von »Schnelligkeit« schwierig ist, ist es einfach, »schnell« (versus »langsam«) exemplarisch an eigenen Bewegungshandlungen vorzuführen. Und »ich« wurde schon diskutiert.

Über Sprachkritik läßt sich an der Nachvollziehbarkeit von Sprachgebräuchen eine Scheidung zwischen Schein- und echten Problemen erreichen. Die »echten« Probleme, etwa empirische Fragen, sind dann immer noch groß genug. Wenn etwa die zeitliche Auflösung tomographischer Verfahren erlaubte, einzelne Wörter als Erregungsmuster im Cortex zu verfolgen, könnte sich herausstellen, daß eine Antwort »Ich!« auf die Frage »Wer war das?« verschiedene Orte hat, je nachdem, ob der Ich-Sager Zuwendung oder Abwendung, Lob oder Tadel erwartet, also selbst seine Handlung im Blick auf den Kommunikationspartner eher als positiv oder als negativ bewertet (traditionell gesagt, ein gutes oder schlechtes Gewissen hat).

Kleines Fazit

Parasprache als das Feld der Hirnforschungsdebatte ist trotz ihrer in manchen Forschungsprogrammen ungeklärten Explananda und trotz ihrer überzogenen, wenn nicht gar fehlgeleiteten Erklärungsansprüche so unverzichtbar wie in anderen Wissenschaften auch. In ihr werden Selbstverständnisse und Programme formuliert. Hier kommt es darauf an, ob es sich dabei um nachgereichte Plausibilisierungen der eigenen Verdienste und Leistungen für die Öffentlichkeit handelt oder um vorgängige, echte Programmdebatten. Programme sind, wie alle Planungen, rational daraufhin beurteilbar und beurteilungspflichtig, ob sie semantisch sinnvoll und pragmatisch durchführbar sind. Ein sorgfältiger Umgang mit den sprachlichen Mitteln der Parasprache ist dafür zwar kein Allheilmittel. Das heißt, es bleiben, selbst wenn die Debatte terminologisch noch so explizit und klar ist, immer noch große Aufgaben, etwa die Umsetzung in experimentelle Verfahren. Aber ohne eine Klärung der Parasprache kann es keinen Fortschritt im Verständnis von Möglichkeiten und Grenzen der Hirnforschung geben.

5 Metasprache: Die Methoden der Hirnforschung

Metasprache ist in allen Wissenschaften nicht nur unverzichtbar, sondern geradezu selbstverständlich. Auch der fachwissenschaftliche Experte, der sich dessen gar nicht bewußt ist, verwendet in seiner Forschungspraxis, im wissenschaftlichen Alltag, in der Formulierung seiner Ergebnisse und als Lehrbuchautor Metasprache. So kann man ein Lehrbuch einer beliebigen Disziplin aufschlagen und bestätigt sehen, daß dort nicht nur von den Gegenständen des Faches selbst, also objektsprachlich, sondern auch von den sprachlichen Mitteln die Rede ist. Wörter wie Definition, Prinzip, Gesetz, Hypothese, Ergebnis und viele andere zeigen an, daß es um eine Charakterisierung, um den Status, die Rolle oder die Geltung von Sätzen, also wieder um sprachliche Gegenstände geht. Metasprachlich ist kurz das, was wiederum von Sprache handelt.

Neben dieser Metasprache im engeren Sinne, also dem Sprechen über Sprechen, sind auch die nichtsprachlichen Tätigkeiten des Forschers wie Beobachten, Experimentieren und alle dazu erforderlichen nichtsprachlichen Teilhandlungen, etwas herzustellen, eine Apparatur zusammenzubauen, zu starten usw., Gegenstände metasprachlicher Darstellung. Denn in sprachlicher Beurteilung müssen auch die unverzichtbaren nichtsprachlichen Beiträge des Forschers selbstverständlich erst einmal in Sprache gefaßt, benannt, bezeichnet und beschrieben werden. Deshalb sind *alle einschlägigen Verfahren* wissenschaftlicher Forschungen, ob nun sprachlich oder nicht, als Gegenstände metasprachlicher Verständigung anzusehen.

Einen Beitrag zur Wissenschaftskritik leistet das Konzept der

Metasprache dort, wo es Meinungen korrigiert, daß *von den Gegenständen* einer Wissenschaft die Rede sei, wo in Wahrheit aber nur *von der Rede über* diese Gegenstände die Rede ist. Das Konzept der Metasprache dient also häufig dazu, auf Fälle folgenreicher Sprachvergessenheit aufmerksam zu machen und anhand konkreter Beispiele zu zeigen, daß vermeintlich von Erfahrung bestimmte Ergebnisse in Wahrheit bereits durch die Wahl des Sprachgebrauchs gesetzte Vorentscheidungen sind.

Jeder Fachwissenschaftler wird bereits im Rahmen seiner Ausbildung zum Sprecher von Metasprachen. Das ist eine selbstverständliche Folge des Hörens von Vorlesungen, des Gebrauchs von Lehrbüchern, des Einübens in Praktika und fachlicher Gespräche mit Kommilitonen und Kollegen. Metasprache, in der die Methoden des eigenen Faches diskutiert werden, wird aber in den seltensten Fällen als eigene Spezialität der Ausbildung gelehrt. Vielmehr wird sie durch Einsozialisierung, also durch Hineinwachsen in die Praxis eines Faches erworben, nicht anders, als wir alle die Alltagssprache erworben haben. In ihr erlernen wir Wortgebräuche nicht durch ausdrückliche Definition oder andere Verfahren der Begriffsbestimmung, sondern primär durch Vormachen und Nachahmen tatsächlicher Gebräuche. Sprachphilosophen sagen dazu gern, wir erwerben eine Sprache »naturwüchsig«. Wie wir »von selbst« wachsen, wachsen wir auch in eine Fachsprache hinein, und sie wächst mit unserem Wortschatz und ihrem kompetenten Gebrauch.

Metasprachliche Kompetenz definiert sich dabei, nicht anders als bei anderen Teilen jeder naturwüchsig erworbenen Sprache, durch (hinreichende) Übereinstimmung mit den Sprachgebräuchen der Sprechergemeinschaft, in der man sich bewegt. Das heißt, daß mit den Sprachgebräuchen der eigenen

Sprechergemeinschaft auch eine Fülle von Meinungen über die Methoden des eigenen Faches erworben wird. Dies gilt auch für die metasprachlichen Mittel von Hirnforschern und ihre Beiträge zur Methodendiskussion. Außer einigen objektsprachlichen Begriffen der Neuroanatomie und Physiologie sind so gut wie alle Wörter ohne nachvollziehbare Bestimmung, also bloß naturwüchsige Redeweisen.

An dieser naturwüchsigen Praxis des Spracherwerbs und Sprachgebrauchs ist so lange nichts zu kritisieren, als keine Verständigungsprobleme auftreten oder Einwände vorgetragen werden. Erst wo die Selbstverständlichkeit metasprachlicher Äußerungen in Frage gestellt wird, geht es plötzlich um Bedeutung und Geltung, ja um den Typus der jeweiligen Äußerung: Was heißt Definition oder Begriffsbestimmung, Hypothese oder Theorie, Prinzip oder Ergebnis? Sind metasprachliche Äußerungen bloße Beschreibungen der tatsächlichen, eigenen Praxis, oder sind sie Zuschreibungen oder Deutungen? Sind metasprachliche Äußerungen im Einzelfall Behauptungen, die wahr oder falsch sein können, oder sind sie Vorschriften, die zweckmäßig oder unzweckmäßig sein können? Sind metasprachliche Äußerungen Auskünfte über das methodologische Selbstverständnis zur Abgrenzung gegen Nachbarfächer? Kurz, sind metasprachliche Äußerungen selbst parasprachlich gesprochen, oder bilden sie, klar unterschieden von der Objektsprache, einen eigenen Bereich einer für das Fach spezifischen Kompetenz, eben eine Kompetenz in Methodenfragen?

In einem naturwissenschaftlichen Studium würde sich niemand wundern, wenn die mathematischen Kompetenzen, die ein Physiker, ein Chemiker oder ein Biologe benötigt, in einer eigenen Vorlesung von einem Mathematiker gelehrt und in entsprechenden Übungen eingeübt würde. Daß dagegen logische, sprachtheoretische und methodologische Kompetenzen in einem eigenen Kurs etwa unter dem Titel »Wissenschaftstheorie der ...« gelehrt wird, ist eher unüblich. Zwar gibt es, im wesentlichen abhängig von den beteiligten Personen in den Fachwissenschaften und in den philosophischen Seminaren, fächerbezogene Lehrveranstaltungen in Wissenschaftstheorie. Aber die Regel ist, daß die meisten Fachwissenschaftler glauben, eine Wissenschafts-»Theorie« sei als Theorie zu einer Praxis am besten immer noch vom Praktiker und durch die Einübung in die Praxis selbst zu erlernen. Dies ist ein wichtiger Grund für die Naturwüchsigkeit auch der Debatten zur Hirnforschung, wo es um ihre Methoden geht. Die Internetbeiträge zum Briefwechsel zwischen Wolf Singer und dem Autor dieses Buches in der *Frankfurter Allgemeinen Zeitung* seit Juni 2008 liefern dafür hundertfachen Beleg.

Wo bleibt die Wissenschaftstheorie?

Die philosophische Tradition hat sich seit der griechischen Antike mit Fragen des Wissens und der Wissenschaften befaßt. Ursprünglich, als noch keine Wissenschaft als Institution, als Beruf oder eigenes Fach bekannt war, wurde Wissen und Wissenschaft mit demselben griechischen Wort *epistēmē* bezeichnet, und schon zur Zeit der klassischen Philosophenfürsten Sokrates, Platon und Aristoteles zählte die Abgrenzung zwischen Wissen, Meinen und Irren zu den Kernthemen der Philosophie.

Springt man von der Antike in die Neuzeit, in der es verschiedene wissenschaftliche Fächer und ihre Vertreter gibt, gehören die klassischen Abgrenzungsfragen etwa zwischen Mathematik, Physik und Astronomie ebenso zu den Aufgaben der Wissenschaftstheorie wie die Bestimmung von Wissenschaftlichkeit. Das Wort »Wissenschaftstheorie« aber, sowie die Sache, die damit bezeichnet wird, entstehen erst im 19. Jahrhundert. Dies ist kein Zufall. Denn im 19. Jahrhundert waren die Erfahrungswissenschaften neben ihren eindrucksvollen Erfolgen in eine Vielzahl von Grundlagenkrisen geraten:

Die vertrauten Grundlagen der Klassischen Mechanik erwiesen sich als unzureichend sowohl für die Elektrodynamik als auch für die Thermodynamik. Die seit dem 17. Jahrhundert wie selbstverständlich verwendeten Grundbegriffe von Raum und Zeit wurden ebenso in Zweifel gezogen wie das Verhältnis von deterministischer und statistischer Physik. In der Chemie war die Unterscheidung von anorganisch und organisch fragwürdig geworden, nachdem es gelungen war, aus anorganischen Substanzen den bis dahin nur organisch zugänglichen Harnstoff zu synthetisieren. Und selbst die Mathematik als Königs- und Strukturdisziplin war in mehrere Krisen geraten: Die über zweitausend Jahre lang als einzige angesehene Geometrie Euklids konnte, ohne in logische Widersprüche zu geraten, zu nichteuklidischen Geometrien erweitert werden. Dazu mußte nur die anschauliche Interpretation eines bestimmten geometrischen Axioms, des Parallelenaxioms, durch eine ebenfalls anschauliche Alternative ersetzt werden. Und selbst die für unproblematisch gehaltene Logik und ihr Verhältnis zur Arithmetik gerieten in die Krise. Es wurde entdeckt, daß die nach gängiger Lehrmeinung alle mathematischen Teildisziplinen zusammenfassende und vereinheitlichende Mengenlehre Georg Cantors in eine logische Paradoxie führte. »Die Menge aller Mengen, die sich selbst nicht als Element enthalten, enthält sich selbst als Element« – so einfach wie diese »Russellsche

Paradoxie der Mengenlehre« lassen sich gelegentlich Grundlagenkrisen benennen, und doch sind sie schwierig zu beheben.

Die Reihe der Beispiele ließe sich fortsetzen und ergänzen um bahnbrechende Umstürze, wie sie etwa durch die Evolutionstheorie Darwins, die Entdeckungen von Bakterien und Viren, die mathematischen Lehren von Zufall und Wahrscheinlichkeit und viele andere ausgelöst wurden. Sie alle haben die Aufmerksamkeit der Fachwissenschaften auf ihre eigenen begrifflichen Grundlagen und empirischen Methoden gerichtet.

Dabei war zunächst von der akademischen Philosophie wenig Hilfe zu erhalten. Diese hatte sich, beginnend mit dem Apriorismus Kants über die Naturphilosophie Schellings bis zum deutschen Idealismus Hegels, in den Augen vor allem der Naturwissenschaftler und der Mathematiker ins Abseits manövriert. Die Philosophie, die für Logiker, Mathematiker und Naturwissenschaftler benötigt wurde, mußte von den Fachwissenschaftlern selbst gemacht werden. Es waren deshalb primär Fachwissenschaftler, die wie Ernst Mach, Hermann von Helmholtz, Emil Du Bois-Reymond und viele andere Prominente damals selbstverständlich eine philosophische Grundbildung besaßen und die Philosophie ihres Faches selbst entwickelten.

Eine besondere Pointe dieses Anfangs der Wissenschaftstheorie liegt in einer mit dem Logiker Gottlob Frege beginnenden Tradition, die man später als »linguistic turn«, als sprachliche Wende der (Wissenschafts-)Philosophie bezeichnet hat. Über Philosophen wie Ludwig Wittgenstein, Bertrand Russell, George E. Moore, Rudolf Carnap und Charles W. Morris kam es zu einer umfangreichen Diskussion der Rolle der Sprache für die Begriffs- und Theoriebildung in den mathematischen und den Naturwissenschaften.

Wählt man, in holzschnittartiger Vereinfachung, Ernst

Mach als den einen, Gottlob Frege als den anderen historischen Beginn der modernen Wissenschaftstheorie – als Leitfiguren für die Erfahrungswissenschaften bzw. für Mathematik, Logik und Sprache –, so beginnt damit leider auch eine rund hundertjährige Geschichte, die eine zweifache Unglücksgeschichte ist.

Was sich zunächst im »Logischen Empirismus« des Wiener Kreises (hervorgegangen aus dem »Verein Ernst Mach«) als programmatischer Grundsatzentschluß herausgebildet hatte, nach dem Vorbild der exakten Wissenschaften nur noch logische und empirische Wahrheiten für wissenschaftsfähig zu halten, hat parallel zu einer dramatischen Wissenschaftsgeschichte (Relativitätstheorien, Quantenphysik) und zu zwei Weltkriegen eine unglückliche Richtung eingeschlagen:

Aus einer Rationalitätseuphorie der Logischen Empiristen heraus, die Abgrenzungen der Wissenschaften nach dem Vorbild von Mathematik und Physik gegen Metaphysik, traditionelle Philosophie und jede Form von Scheinwissen suchten, hat sich eine Geschichte der fortgesetzten Relativierungen entwikkelt. Wie oben bereits erwähnt, hat schon Karl Popper, der Sprachphilosophie des Wiener Kreises skeptisch gegenüberstehend, in der Alternative zwischen deduktivem und induktivem Verständnis der Naturwissenschaften das Verständnis der empirischen Geltung relativiert. Dem griffigen Kriterium, allgemeine Hypothesen müßten an der Erfahrung einzelner Gegenbeispiele scheitern können, entsprangen nur noch weiche Vergleichskriterien konkurrierender Theorien.

In dieser Diskussionsatmosphäre hat Thomas S. Kuhn die wegweisenden Ideen des Mediziners Ludwik Fleck zum Begriff der wissenschaftlichen Tatsache aufgenommen und eine Historisierung und Soziologisierung der Wissenschaftsgeschichte als Theorie der wissenschaftlichen Revolutionen und der Paradigmenwechsel geschrieben. Der »weiche« Poppersche Vergleich von Theorien wurde zur historischen Abfolge von Paradigmen als Leitideen der ihnen anhängenden »scientific communities«. Die heute gelegentlich anzutreffende resignative Formel, die Wissenschaft x sei, was die Wissenschaftler des Faches x treiben, findet dort ihren Theoretiker.

Paul Feyerabend hat sich mit seiner erwähnten anarchistischen Erkenntnistheorie (»anything goes«) insgesamt gegen die Wissenschaften als laute, freche Ideologie gewandt, und der amerikanische Philosoph Willard Van Orman Quine wollte das Ende der Analytischen Philosophie dadurch einläuten, daß er – gegen den Rationalismus Carnaps, des Hauptvertreters des Wiener Kreises – die Erkenntnistheorie selbst naturalisierte, indem er sie in eine naturwissenschaftliche Psychologie des Forscherhandelns umdeutete.

Die Wissenschaftstheorie dieser Tradition hat damit nicht nur eine Relativierung naturwissenschaftlicher Geltungsansprüche vorangetrieben, sondern sich in einer eigenen Resignationsüberbietungsgeschichte von den tatsächlichen Wissenschaften verabschiedet. Denn um eine Verabschiedung von den tatsächlichen Wissenschaften handelt es sich, stellt man in Rechnung, daß selbstverständlich »die« Naturwissenschaftler nach wie vor überzeugt sind, Forschungsergebnisse zu produzieren, Geltungsansprüche für ihre Resultate zu Recht erheben zu können und dafür durch technische und prognostische Effizienz gute Gründe zu haben. Die vorherrschende Wissenschaftstheorie ist dagegen zu einer Spielwiese einer sich selbst als analytisch und deskriptiv verstehenden Philosophie geworden, die sich mit der Erfindung und Bearbeitung von Problemen selbst auslastet.

Die andere Unglücksgeschichte betrifft den Bereich von Logik und Sprache und führt zum Ende des *linguistic turn*. Ausgehend von Einsichten, daß in der Mathematik Grundbegriffe wie »Zahl« und »Menge« ähnliche Probleme der Begriffsbestimmung aufwerfen wie die für das Wort »Gott« in klassischen Gottesbeweisen, wurden Sprache und Logik allein als Mittel der Theoriebildung in den exakten Wissenschaften diskutiert. Dies hatte zur Folge, daß *Sprache* nur als *stilisierter Monolog* und im wesentlichen nur als *behauptende Sprache* in den Blick kam. Alles, was man sonst mit Sprache tun kann, spielte keine Rolle. So kam man auf eine Sprachkonzeption, in der es nur monologisch um zutreffende Beschreibungen der Welt (oder mathematisch-logische Mittel zu diesem Zweck) geht.

Die Folge war eine Sprachphilosophie, die einerseits Grundlage der mathematischen Theorie der Information wurde, wie sie in Kapitel 3 bei der informationstheoretischen Objektsprache für Neurone und Gehirne kritisiert wurde; andererseits hat diese Sprachphilosophie erst mühsam andere Funktionen des Sprechens im Alltag entdecken müssen, wie in der Sprechakttheorie von John L. Austin und John R. Searle, ohne daß es gelungen wäre, diese Einsichten für die Naturwissenschaften wirklich nutzbar zu machen.

Die doppelte Unglücksgeschichte der empirischen wie der sprachlogischen Seite dieser Wissenschaftstheorie findet sich wieder in der Hirnforschung und insbesondere in deren Methodenverständnis. Ausgeschlossen sind dort nämlich im wesentlichen alle Aspekte, die das menschliche Handeln einschließlich des Sprechhandelns betreffen. Zweck und Mittel, Gelingen und Mißlingen, Erfolg und Mißerfolg als pragmatische Unterscheidungen für sprachliche Bedeutung und Geltung kommen so gut wie nicht vor, weder auf der Ebene der sprechenden Forscher noch auf der Ebene ihrer sprechenden

Forschungsobjekte. Sie könnten im tatsächlichen Forschungsbetrieb bis in die parasprachlichen Debatten der Hirnforschung hinein ein fruchtbares Analyseinstrument bieten.

Zur typisch naturwissenschaftlichen Sprachvergessenheit kommt das dann nicht mehr überraschende Ignorieren des Objekt-Metasprache-Verhältnisses. Das Verständnis der Naturwissenschaften und ihrer Methoden hat sich statt dessen vermengt mit dem durch sie erzeugten Verständnis der Natur selbst. Das heißt, wie der Naturwissenschaftler glaubt, eine gegebene Natur zu beschreiben und zu erklären, so beschreibt und erklärt er auch sein Fach, als Empiriker des Gegebenen.

Ein Beispiel ist der oben zitierte Biologengruß, der nicht zwischen dem Naturgeschehen Vogelflug und dem Kulturgeschehen Forschung unterscheidet. Erkennen wird so selbst zum Naturgeschehen. Dies scheint heute auch eine Mehrheit von Hirnforschern zu glauben. Und wissenschaftliches Erkennen wird in der Sonderform seiner Wissenschaftlichkeit ebenfalls nur der Natur überantwortet, indem man es auf den Komplex der Naturprozesse des Beobachtens und Experimentierens an Laborgeräten zurückführt, die ihrerseits ihre Funktion nur Naturgesetzen verdankten. Das Ergebnis dieser Resignationsgeschichte der Wissenschaftstheorie ist, kurz gesagt, eine *Naturalisierung des Erkenntnisprozesses*, die alle Formen des Erkennens der Welt betrifft.

Ohne den geistesgeschichtlichen Hintergrund einer Wissenschaftstheorie, die als herrschende den Forschern nur in praxisfremd differenzierten Formen zuruft, ohnehin sei alles, wie es kommt, nicht zu ändern und deshalb gut, man solle nur machen – ohne eine solche geistesgeschichtliche Situation wäre nicht verständlich, wie sich Hirnforscher auf das Programm einer Kausalerklärung menschlicher Erkenntnis als Naturvorgänge im Gehirn einlassen konnten. Nur wer resignativ den Unterschied von wahr und falsch schon preisgegeben hat, kann auch den Prozeß des »Erkennens« von wahr und falsch abkoppeln. Aber Naturvorgänge können nur sein, wie sie sind; sie können nicht wahr oder falsch sein wie menschliche Rede.

Philosophische Alternativen

Die naturwüchsigen Sprachgebräuche von Hirnforschern, die über ihre Methoden sprechen, sind eine Art Beiprodukt ihrer Ausbildung zum Mediziner, Biologen oder Psychologen mit den kontingenten Zutaten aus wissenschaftlicher Biographie, Lektüre, Erfolgen und Mißerfolgen mit Publikationen und auf Kongressen usw. Diese Kontingenz hindert aber kaum jemanden daran, seine metasprachlichen Äußerungen im Ton unerschütterlicher Überzeugung zu äußern. Mit der naturwissenschaftlichen Ausrichtung glaubt man ohnehin, eine Wissenschaftlichkeit zu vertreten, die nicht in Zweifel gezogen werden kann. Deshalb wird man, ohne allzu großes Unrecht verantworten zu müssen, sagen dürfen: *Die Methodendiskussion zur Hirnforschung ist selbst keine wissenschaftliche*, und zwar weder in der öffentlichen Debatte noch in einschlägigen Fachdiskussionen. Für sie gilt vielmehr, was in Kapitel 4 (Parasprache) zum Selbstverständnis gesagt wurde. Die Sprachgebräuche von Hirnforschern in Methodendiskussionen sind nachträglich angepaßt und affirmativ; sie dienen weniger der Methodenklärung als der Selbstversicherung und der Abgrenzung gegen Kritik.

Die in diesem Buch gesuchte Klärung der sprachlichen Mittel für die Hirnforschung auf objekt-, para- und metasprachlicher Ebene ist Teil des Versuchs, die Methodendiskussion zu verwissenschaftlichen. Dazu ist die Klärung der Metasprache selbst ein notwendiges, wenn auch kein hinreichendes Mittel. Dieses notwendige Mittel kann aber nicht aus zufälligen Ad-hoc-Vorschlägen für den Gebrauch methodologischer Schlüsselwörter wie Beobachtung, Experiment, Beweisen, Widerlegen oder auch Definition, Hypothese, Theorie, Begriff usw. bezogen werden. Man sollte sich vielmehr umsehen nach ausgearbeiteten Theorien zum Aufbau von Wissenschaftssprachen sowie zu Methoden von Physik, Chemie oder anderen bewährten Experimentalwissenschaften. Denn soviel wird man als Minimalforderung an die Wissenschaftlichkeit verlangen dürfen, daß, wer immer sich in wissenschafts*theoretischen* Fragen zur Hirnforschung zu Wort meldet, nicht mehr mit Verweis auf die herrschende Praxis oder auf das Fehlen einer theoretischen Alternative auftritt. Pointiert gesagt, wer will, kann auch einen methodisch geklärten Sprachgebrauch in der Methodendiskussion führen. Dies zwingt nicht zur Übernahme aller damit verknüpften Annahmen und Normen, wohl aber zur Angabe von Gründen, wenn begründete Verfahren abgelehnt werden.

Eine erste Minimalforderung für einen wissenschaftlichen Methodendiskurs ist also die Klärung terminologischer Mittel – bei Bedarf. Bedarf besteht dann, wenn Mißverständnisse oder Dissense auftreten. Die Behebung von Mißverständnissen ist primär eine Aufgabe der terminologischen Bestimmung, für die im folgenden Beispiele zu geben sind. Der bloße Appell dagegen, sich in den Üblichkeiten der Sprachgebräuche dafür als geeignet gewählter Communities zu bewegen, kann keine wissenschaftliche Nachvollziehbarkeit methodologischer Analysen oder Maximen sichern.

Methoden als Handlungsweisen

»Methode« muß so wenig wie »Gegenstand« einer Wissenschaft ein unbestimmter Ausdruck bleiben. Das Wort »Methode« soll vielmehr reserviert werden für Verfahren, also Handlungsweisen, die als explizite (ausdrückliche) *Handlungsanweisungen* sprachlich erfaßt sind. Handlungsanweisungen schreiben vor, welche Handlungen durchgeführt werden müssen, um die von den Methoden erwarteten Leistungen zu erbringen. Methoden sind also legitimiert dadurch, daß sie zweckmäßige Mittel für fachwissenschaftliche Erkenntnisziele sind. Ersichtlich können solche Handlungsanweisungen damit nicht einfach autoritär gesetzte Vorschriften sein, sondern sie sind bedingt. Sie unterliegen der Bedingung ausweisbarer Zweckrationalität. Bildlich gesprochen sind sie also wie eine richtige Wegauskunft, die man nur bei Vorgabe eines Ziels erhalten kann.

Beginnen wir bei einem wichtigen Grundzug aller naturwissenschaftlichen Selbstverständnisse. Danach ist es die *Erfahrung*, die den Naturwissenschaften ihren Realitäts- oder Weltbezug sichert. Der Erfahrung verdanken sie, im Unterschied zu Spekulation und Aberglaube, ihre unbestrittenen Erfolge bei der Erklärung und Prognose von Naturphänomenen sowie bei der technischen Naturbeherrschung. Aber was bedeutet das Wort »Erfahrung«? Und ist es, wie z. B. Heinrich Hertz behauptet hat, selbst eine Erfahrungstatsache, daß die Erfahrungswissenschaft Physik erfolgreich ist – ein schönes Beispiel dafür, daß der große Physiker nicht unterscheidet zwischen dem Gegenstand seiner physikalischen Laborerfahrung und einer historisch-singulären Erfahrung mit dieser Laborerfahrung selbst?

Man darf vielleicht als Konsens unter Naturwissenschaftlern

und den meisten Philosophen unterstellen, ein Satz gelte empirisch (»aus Erfahrung«), wenn er *an Erfahrung scheitern* kann. Poppers klassisch gewordenes Beispiel ist der universelle Erfahrungssatz »Alle Schwäne sind weiß«, der durch die Entdeckung schwarzer Schwäne in Australien widerlegt (»falsifiziert«) wurde. Dafür darf aber nicht mehr kontrovers sein, daß im Unterschied zur universellen Hypothese die Erfahrung des Einzelfalls selbst wissenschaftlich sein kann. Hier kann man Popper in seinem »Kritischen Rationalismus« mit seinen ungelösten Basissatz-Problemen nicht mehr folgen.

Was macht also die *Wissenschaftlichkeit einer singulären Erfahrung* aus? Die klassischen Antworten, es seien die naturwissenschaftliche Kunst des Beobachtens (wie in Astronomie oder Botanik und Zoologie), die Meßkunst (wie vor allem in der Physik) und das Experiment (wie in den drei großen Leitwissenschaften Physik, Chemie und Biologie), hilft hier nicht weiter. Sie verschiebt nur die Frage nach der Wissenschaftlichkeit einer Einzelerfahrung auf die Frage, was die Ergebnisse einer Beobachtung, einer Messung oder eines Experiments wissenschaftlich gültig mache.

Und noch vor Beantwortung dieser Fragen sollte der Hirnforscher nicht aus den Augen verlieren, daß damit die *historische Einzelerfahrung* als Gegenstand der Kulturgeschichtsschreibung, wie sie in der Biographie einer Versuchsperson ebenso vorkommt wie in der Forschungspraxis des Hirnforschers selbst, und erst recht die Einzelerfahrung im Sinne wissenschaftshistorischer Bewährung einzelner Experimente (wie der bekannten Experimente von Benjamin Libet) noch nicht erfaßt sind.

Erfahrungen lassen sich als *Widerfahrnisse im Handeln* bestimmen. Wer handelt, dem widerfährt das Ge- oder Mißlingen sowie der Erfolg oder Mißerfolg seiner Handlungen. Die

Erfahrungswissenschaften haben es in ihrer Geschichte weit damit gebracht, solche Widerfahrnisse durch geeignete Handlungen zu provozieren, auszulösen, und zwar auf eine immer wieder von neuem wiederholbare, das heißt »technisch reproduzierbare« Art.

Eine Zufallsbeobachtung unterscheidet sich von einer Beobachtung, die ein wissenschaftliches Ergebnis trägt, am Kriterium der Wiederholbarkeit. Wiederholbarkeit hat zwei unterscheidungsbedürftige Aspekte: Zum einen soll die Beobachtung nicht an eine bestimmte Person gebunden sein, sondern von jedermann gemacht werden können. Zum andern muß die Wiederholbarkeit durch Handeln, am verläßlichsten durch handwerkliches Herstellen des beobachteten Sachverhaltes, erzwungen werden können. Damit ist eine wissenschaftliche Beobachtung durch die zweifache Forderung bestimmt, für jede Person stets von neuem gemacht werden zu können. Einlösbar wird diese Forderung durch Handlungsvorschriften, die von jedermann jederzeit befolgt werden können. Wissenschaftstheoretisch spricht man davon, daß Beobachtungen personenunabhängig technisch reproduzierbar sein müssen. Technische Reproduzierbarkeit sichert also sowohl die *Transsubjektivität (Personenunabhängigkeit)* als auch die *Universalität (Allgemeinheit bezüglich der Objekte)* des Beobachtungsergebnisses.

Von Gewicht sind in den Naturwissenschaften Beobachtungen mit Hilfe von Beobachtungsinstrumenten, deren Klassiker das Fernrohr und das Mikroskop sind. In ihnen kommen empirische Theorien, nämlich die geometrische Optik der Physik, die Chemie der Gläser für Linsen und Spiegel sowie empirisch bewährte Techniken des Apparatebaus zur Anwendung. Diese Erfahrungsabhängigkeit, die ein gültiges Beobachtungsergebnis durch den Einsatz von Instrumenten hat, ändert aber nichts daran, daß die Beobachtungsinstrumente selbst in ihrer Funktion durch eine menschliche Zielsetzung bestimmt sind. Was die Abbildung in einem Spiegelteleskop oder in einem optischen Mikroskop leisten soll, muß im Fortgang der Geräteentwicklung jeweils stets von neuem als Zweck gesetzt werden, um eine ungestörte von einer gestörten Funktion unterscheiden zu können. Dieser Unterschied ist seinerseits unverzichtbar, um zu beurteilen, ob das im Instrument Gesehene vom Objekt ausgeht und nicht etwa ein vom Instrument erzeugter Abbildungsfehler ist, wie Verzerrungen oder Farbränder.

Unglücklicherweise nennen Naturwissenschaftler solche Abbildungsfehler »Artefakt«, also etwas künstlich Hergestelltes. Sie schreiben damit der mit viel Aufwand hergestellten störungsfreien Funktion technisch produzierter Instrumente Natürlichkeit zu. Dies ist eine naturalistische Naivität, denn die Instrumente selbst sind, recht verstanden, Artefakte, und die naturalistisch mißverstandenen, nur so genannten »Artefakte« sind in Wahrheit Störungen oder Folgen von Störungen, also ein Verfehlen der eigenen technischen Zwecke.

Damit zeigt bereits der metasprachliche Gebrauch von *Beobachtung*, daß sie einem wissenschaftlichen Beobachter nur unter immensem Aufwand widerfahren und auch erst dann als empirisches Ergebnis gewertet werden darf, wenn im Zweifel die technische Reproduzierbarkeit der Beobachtung sicher ist.

Der Erfahrungstyp der quantitativen Beobachtung ist die *Messung*. Sie spielt, etwa in der Physiologie, durchaus eine wichtige Rolle. Die methodische Theorie der Messung ist in der Protophysik entwickelt worden und soll hier, wegen verfügbarer Spezialliteratur, nur angedeutet werden.

Naturwissenschaftliche Meßkunst ist der Weg, auf dem die

Mathematik Eingang in Ergebnisse und Theorien der Naturwissenschaft findet. Die hübsche Frage, warum Mathematik auf die Natur passe, ist falsch gestellt. Meßgeräte sind keine Naturgegenstände, sondern zweckmäßige technische Produkte. Ihnen sind diejenigen mathematischen Eigenschaften aufgezwungen, die nachher als »mathematische Struktur« der Meßresultate bzw. quantitativer Sätze erkennbar werden.

Schon Hermann von Helmholtz hatte, obgleich er zu den erfolgreichen Empiristen des 19. Jahrhunderts gerechnet wird, zur Gewichtsmessung exemplarisch festgestellt: Der Satz über drei Körper A, B, C: »Wenn A so schwer wie B und B so schwer wie C ist, dann ist auch A so schwer wie C« kann kein Erfahrungsresultat sein. Er zeigt sich nämlich nur auf einer störungsfrei funktionierenden Waage. Deren Störungsfreiheit aber wird gerade mit diesem Satz, das heißt durch diese Kontrolle bestimmt. Kurz, die Meßkunst unterscheidet sich von der Beobachtungskunst dadurch, daß in Konstruktion, Bau und Gebrauch von Meßgeräten mathematische Strukturen investiert werden, die den Meßergebnissen und den daraus gebildeten Theorien ihre mathematischen Strukturen aufzwingen.

Experimente

Das Vehikel, über das gleichsam ein Zustimmungszwang zu Ergebnissen der Hirnforschung auf Laien wie auf Kritiker ausgeübt werden soll, ist das Experiment. Der Erfolg naturwissenschaftlicher Experimentierkunst gilt mit den Fächern Physik und Chemie zu Recht als historisch belegt. Die Psychologie hat im 19. Jahrhundert große Anstrengungen darauf verwendet, zu einer Experimentalwissenschaft zu werden, und wird heute zum überwiegenden Teil als solche betrieben. Im Experiment, abgeleitet vom lateinischen Wort *experiri*, »erfahren«, zeige sich, jedermann demonstrierbar und durch kein noch so spitzfindiges Argument auszuhebeln, wie nun einmal die Dinge von Natur aus liegen. Nur wenige Naturwissenschaftler lassen sich die Gelegenheit entgehen, sogar von experimentellen *Beweisen* zu sprechen, in Konkurrenz zur logisch-mathematischen Beweiskunst – und leider in Unkenntnis der juristischen Rede von Tatsachenbeweis, Beweislastumkehr usw.

Im Interesse der Verwissenschaftlichung dieser Debatte sollte aber solche Imponierrhetorik nicht das Nachfragen verhindern, was unter »Experiment« zu verstehen ist und ob es Kriterien oder Bedingungen gibt, die sichern können, daß Experimente tatsächlich empirische Erkenntnisse liefern.

In diesem Buch kann aus Umfangsgründen keine auch nur andeutungsweise hinreichende Theorie des Experiments entwickelt werden. Lediglich einige wichtige metasprachliche Unterscheidungen zur laufenden Hirnforschungsdebatte seien gegeben: *Experimentieren* ist ein geplantes Handeln zur Herstellung von Zuständen und Verläufen, die ohne menschlichen Eingriff in die bestehenden Verhältnisse nicht zustande kämen. Diese Bestimmung soll am Alltagsbeispiel des Kuchenbackens erläutert werden.

Nach Rezept, also unabhängig von der Person des Bäckers wiederholbar, wird ein Teig produziert, in eine Form gebracht und in den vorgeheizten Herd gestellt. Dann läuft etwas »von selbst« ab, das keine Handlung des Bäckers mehr ist, aber zum erwünschten Produkt des fertigen Kuchens führen soll. Die Kunst des Bäckers besteht in der Befolgung des Rezepts. Die Qualität des Rezepts besteht darin, bei richtiger Befolgung zum gewünschten Produkt zu führen. Das Backen des Kuchens im

Herd und sein Resultat widerfahren dem Bäcker an seinen Handlungen. Das heißt, er *macht die Erfahrung*, daß die Befolgung des Rezepts über den Backvorgang zum gewünschten Resultat des fertigen Kuchens führt – analog dem Artilleristen, der nach Galileis Experimentalgesetzen von Fall und Wurf sein Ziel trifft.

Der Forscher ist allerdings nur dann in der Rolle des Bäckers, wenn er bereits bekannte Experimente zu Kontrollzwecken wiederholt. Seine übliche Rolle entspricht dem Autor von Kochbüchern, der nicht einfach Bewährtes berichten, sondern neue Gerichte mit neuen Rezepten entwickeln, das heißt erfinden und durch Probieren verbessern möchte.

Die technische Reproduzierbarkeit der experimentellen Verhältnisse ist dann erreicht, wenn das Analogon zum Kochrezept feststeht. Die Beschreibung, besser Vorschreibung des experimentellen Arrangements, des Anfangszustandes sowie des Starts für einen experimentellen Ablauf, muß soweit sprachlich erfaßt sein, daß in den entscheidenden Aspekten (»Parametern«) *dieselbe Ausgangssituation* stets von neuem technisch hergestellt werden kann. Der Ablauf des Experiments darf dagegen kein Kriterium für gelungene Herstellung der experimentellen Ausgangssituation sein. Denn es soll sich ja gerade zeigen, ob durch gelungene Reproduktion der Ausgangssituation erneut der gleiche Verlauf des Experiments »bewirkt« werden kann.

Durch diese Beschreibung wird deutlich, warum das Experiment der ausgezeichnete naturwissenschaftliche Zugang zu *Ursache-Wirkungs-Verhältnissen* ist: Für das Bestehen einer Ursache-Wirkungs-Beziehung zweier Sachverhalte reicht es nicht aus, daß beide immer wieder gleich zeitlich aufeinander folgen. Erst wo ein von selbst nicht auftretender Sachverhalt durch Herbeiführen eines anderen regelmäßig erzwungen werden kann, spricht man von einem *Bewirkungswissen*. Kausalwissen als experimentelles Bewirkungswissen ist also eine Form von technischem Know-how. Man weiß, was man zu tun hat, um einen erwünschten Sachverhalt herbeizuführen.

Kausalverhältnisse in einer von Menschen unberührten Natur dagegen können *nur simuliert* werden, und zwar im *Experiment als Modell der natürlichen Verhältnisse*. Wer einem Kind die totale Sonnenfinsternis erklärt, indem er im Modell die Wirkung des Mondschattens auf die Erde demonstriert, bedient sich genau dieser naturwissenschaftlich bewährten Methode. Für die Hirnforschung wird, wie für die Psychologie allgemein, zur entscheidenden Frage, ob sich dieses an den bewährten Beispielen aus Physik und Chemie entwickelte Verständnis des Experiments auf Personen anwenden läßt.

Experimente mit Personen

Läßt sich das Verfahren der in Physik und Chemie bewährten Experimente auch auf Personen übertragen? Nach der soeben geklärten Bedingung dafür, daß Experimente wissenschaftliche Erfahrungsresultate haben, lautet diese Frage genauer: Lassen sich die Bedingungen der technischen Reproduzierbarkeit von Präparation und Start des Experiments an Personen realisieren?

Wer an das klassische Fallexperiment von Galilei denkt, in dem eine polierte Messingkugel stets von neuem die geneigte Fallrinne herabrollt, wird sich vielleicht fragen, ob eine Person zweimal in dieselbe Ausgangssituation gebracht werden kann. Schließlich ist der Mensch ein lernendes Wesen, das sich beim zweiten Mal an die erste Situation erinnert, also schon nicht mehr dasselbe Untersuchungsobjekt ist. Andererseits lassen sich

Personen ebenso beobachten und vermessen wie Galileis rollende Kugel. Durch einen einfachen Vergleich von physikalischen oder chemischen Experimenten mit solchen der Psychologie wird sich also die Frage nicht beantworten lassen.

Hier betritt man vermintes Gebiet. Wer schon einmal einen Schlagabtausch in der sogenannten »Nature-nurture«-Kontroverse erlebt hat, kennt Beispiele für den Glaubenskrieg zwischen den Veranlagungs- und den Erziehungs- oder Milieutheoretikern. Ob Qualitäten einer Person von Natur aus gegeben oder von Kultur her erklärt werden müssen, ob man das Genie Johann Sebastian Bachs oder Albert Einsteins in ihren natürlichen Anlagen oder in ihrer kultürlichen Biographie zu suchen hat, ist ein beliebtes Streitthema.

Die deutsche Bevölkerung leistet sich sogar einen gigantischen Experimentierbetrieb in Form der Schul- und Bildungspolitik, in der erziehungswissenschaftliche Lehrmeinungen und pädagogische Menschenbilder von immer neuen Programmen zu immer neuen Reformen treiben. Eine rationale Diskussion aber, wie das Verhältnis ererbter und erworbener Qualitäten eines Menschen überhaupt begrifflich erfaßt und empirisch erhoben werden kann, findet so gut wie nicht statt.

Doch nicht nur für die Erziehungswissenschaften, auch für die akademische Psychologie ist festzustellen: Experimente werden tatsächlich gemacht. Da ist es leicht auszudenken, welche Kommentare in dieser Situation die philosophische Frage provoziert, ob Experimente mit Personen überhaupt »möglich« sind; denn »wirklich« sind sie allemal, es sei denn, was da veranstaltet wird, verdient aus guten Gründen die Bezeichnung »Experiment« nicht.

Man wird deshalb Kriterien nennen müssen, welche Veranstaltungen mit einzelnen Personen oder Personengruppen als wissenschaftliche Methode des Experimentierens angesehen werden dürfen, weil sie aus einsehbaren Gründen empirische Ergebnisse haben.

Hier sei noch einmal an die oben geführte Diskussion erinnert, wieweit ein Ölgemälde sinnvoll naturwissenschaftlichen Verfahren unterworfen werden kann, und an das Ergebnis, daß dies von den Zwecken der angewandten Verfahren abhängt. Es lohnt deshalb ein kurzer Blick auf die Frage, was das Wort »anwenden« bedeutet. Wenn jemand eine Konservendose mit Orangensaft öffnen möchte, aber keinen Büchsenöffner hat, wird er vielleicht mit einem Schraubenzieher zwei Löcher einstechen, um den Saft ausgießen zu können. Er »wendet« also einen Schraubenzieher als Dosenöffner »an«. Diese Sprechweise ist auch bei wissenschaftlichen Beispielen üblich. Aspirin ist ein klassisches Schmerzmittel, dessen Wirkmechanismus biochemisch aufgeklärt ist. Nun hat sich gezeigt, daß Aspirin eine blutverdünnende Wirkung entfaltet, so daß es auch zur Infarktprophylaxe und zur Tinnitus-Therapie »angewendet« wird. In beiden Beispielen zeigt sich, daß der Ausdruck »X als Y anwenden« (Schraubenzieher als Dosenöffner, Schmerzmittel als Blutverdünner) für die *Umdeutung eines Mittels bezüglich seines Zweckes* steht. Ein für einen bestimmten Zweck A bewährtes Mittel X wird für einen neuen Zweck B zum Mittel Y. Läßt sich diese Einsicht nutzen für die Frage, ob Experimente auf Personen angewendet werden können?

Dafür muß zuerst beantwortet werden, für welche Zwecke physikalische und chemische Experimente ein Mittel sind. Dann kann man beurteilen, ob sie als Mittel auch für die neuen, psychologischen Zwecke taugen. Die Antwort liegt auf der Hand. Physiker und Chemiker experimentieren mit Körpern, ganz gleich, welche Qualitäten sie an diesen interessieren, Form, Größe, Lage, Gewicht, Geschwindigkeit u. ä. in der Klassischen Mechanik, Ladung, Leitfähigkeit usw. in der Elektrodynamik, und in der Chemie der gesamte Katalog der Stoffeigenschaften wie spezifisches Gewicht, Schmelzpunkt, Siedepunkt, Geruch, Farbe, Reaktionsfreudigkeit gegenüber anderen Stoffen usw. Das heißt, *Zweck der Experimente* in Physik und Chemie ist in allgemeinster Form *die technische und theoretische Beherrschung von Körpern* in den experimentell variierten und gemessenen Parametern. Es geht um das Knowhow eines Bewirkungswissens, das im zweiten Schritt auf natürliche, nicht menschengemachte Phänomene als Funktionsmodelle angewendet wird. Diese Anwendung in einer sogenannten »Simulation« besteht in der Umdeutung der technischen Mittel zu natürlichen Als-ob-Mitteln. Im genannten Beispiel der totalen Sonnenfinsternis wird eine tatsächliche Verfinsterung so beschrieben, »als ob« sie durch den Schattenwurf im astronomischen Simulationsmodell von Sonne, Mond und Erde verursacht wäre.

Selbst in der Biologie, wo mit lebenden Objekten experimentiert wird, etwa um herauszufinden, wie sich Bienen orientieren oder Insekten über große Distanzen ihre Geschlechtspartner finden, werden in der allgemeinsten Form körperliche Objekte untersucht. Insofern ist es selbstverständlich, daß auch Menschen Experimenten ebenso unterworfen werden können, wie sie auch Objekte wissenschaftlicher Beobachtung und Messung sein können.

Jedes gute klassische Lehrbuch der Psychologie beschreibt, welche Experimente erfolgreich mit Personen gemacht werden, um herauszufinden, wie etwa die räumliche Orientierung des Menschen durch zweiäugiges Sehen, durch Hören und durch Propriozeption (wörtlich, aber irreführend: Selbstwahrnehmung; besser Rückmeldung über eigene Körperbewegung) funktioniert. Die im Feld der Objektsprache entwickelte Einsicht (vgl. Kapitel 3), daß hierfür bereits die lebensweltliche Praxis des Sehens, Hörens, Fühlens usw. sowie deren sprachliche Behandlung bekannt sein müssen, damit etwa die Sinnesphysiologie überhaupt einen Gegenstand hat, gilt auch hier in der Psychologie. Während also der Physiker oder der Chemiker die Objekte seiner Experimente selbst herstellen kann, muß der Psychologe auf Personen und auf Stücke der Alltagspraxis zurückgreifen.

Fragt man an dieser Stelle kritisch nach, welchen Zwecken solche experimentellen Untersuchungen der Psychologie dienen, stößt man – etwa in programmatischen Vorworten von Lehrbüchern – auf eine erstaunliche Auskunft. Man wolle »menschliches Verhalten« beschreiben, erklären und vorhersagen, ganz analog dazu, wie man die Aufgabe eines klassischen Astronomen bezüglich der Planetenbewegungen beschreiben könnte. Das heißt, in die Fassung der Erkenntnisziele übernimmt die Experimentalpsychologie die Unterstellung, daß sich *der Mensch wie ein Naturgegenstand* experimentell erforschen lasse. Mit anderen Worten, es ist *nicht etwa Ergebnis* psychologischer Experimente, sondern *stillschweigende Voraussetzung oder explizite Programm*, daß ein Experimentieren mit Personen »möglich« im Sinne zweckmäßiger Anwendung von Verfahren sei.

Hier drängt sich, polemisch formuliert, ein Verdacht auf. Wird das Mittel des Experiments, das sich für physikalische oder chemische Zwecke bestens bewährt hat, hier gerade *nicht* auf psychologische Zwecke angewendet, weil nämlich diese selbst in nichts anderem als der Anwendung naturwissenschaftlicher Experimente bestehen? Anders formuliert: Ist der Zweck der Experimentalpsychologie, wie in der Hirnforschung, noch etwas anderes als das Kopieren von Physik und Chemie? Eine interessierte und unvoreingenommene Anfrage nach ihren Zwecken an die Wissenschaft Psychologie und ihre Formen in der Hirnforschung bleibt leider unbeantwortet.

Aus der Methodischen Philosophie läßt sich dagegen ein Kriterium nennen, nach dem Experimente mit Personen in sinnvolle und sinnlose unterschieden werden können. Dieses Kriterium schließt an die Unterscheidung von Handeln und bloßem Verhalten an. Wie in Kapitel 2 näher ausgeführt, hat jeder sozial hinreichend kompetente Mensch unserer Kultur, also wir, zu unterscheiden gelernt zwischen dem, was uns andere Menschen (moralisch, rechtlich und politisch) als Verdienst oder Verschulden zurechnen, also *unserem Handeln*, und dem, was an uns natürlicherweise geschieht, dem *bloßen Verhalten*.

Daß wir geboren werden, wachsen und sterben, daß wir Stoffwechsel haben, einschlafen, aufwachen, erschrecken, stolpern, niesen, Reflexe wie den Lidschluß zeigen usw., sind die bekannten Beispiele für bloßes Verhalten. Als Natürliches im Aristotelischen Sinne des von selbst Geschehenden kann es genauso experimentell untersucht werden wie andere Naturverhältnisse, eingeschränkt nur etwa durch moralische Grenzen. Es versteht sich aber von selbst, daß das Handeln kein Gegenstand des Experimentierens sein kann, weil es gerade kein natürliches, bloßes Verhalten ist.

Dies wird zwar von den meisten Psychologen und Hirnforschern glatt bestritten, aber man müßte zunächst aus der Partei der Bestreitenden jemanden finden, der diesen Streit und damit die sprachlichen Mittel für das Führen dieses Streits ernst nimmt. Wer sein argumentatives Bestreiten in dieser Debatte aber nicht anders versteht und vollzieht als sein Stolpern, Erschrecken oder Niesen, indem er das Bestreiten als bloßes Verhalten deutet, kann ja nicht ernsthaft gefragt werden, was er meint, welche Gründe er hat, welche Zwecke er verfolgt und ob überhaupt wahr sei, was er behauptet, oder ob es zweckmäßig sei, was er als Mittel vorschlägt.

An diesem Beispiel wird deutlich, wie das Fehlen metasprachlicher Disziplin in der Hirnforschungsdebatte beim Thema Experimente mit handelnden Personen den Grund bildet, daß die Parteien zwar aufeinander ein-, aber aneinander vorbeireden. Sprachlogisch gesagt haben die Gegner der Unterscheidung von Handeln und bloßem Verhalten nur noch nicht gemerkt, daß sie mit sich selbst im Widerspruch stehen, wenn sie im Rahmen ihres eigenen Sprachspiels ihre eigenen Behauptungen gerade nicht von Widerfahrnissen wie dem Stolpern oder Erschrecken unterscheiden, dennoch aber Geltungsansprüche erheben und damit per definitionem handeln. Hierfür reicht es aus, daß andere die Gegner der Unterscheidung von Handeln und bloßem Verhalten beim Wort nehmen und ihnen mangelnde Ernsthaftigkeit vorwerfen.

Deshalb zurück zur Methodischen Philosophie, die begründen muß, welche Experimente mit handelnden Personen nicht »möglich«, das heißt als Veranstaltungen sinn- und zwecklos sind.

Ein Merkmal des Handelns war, daß man zu ihm (im Unterschied zu bloßem Verhalten) sinnvoll auffordern kann. Man kann sinnvoll »komm!« oder »geh!« sagen, nicht aber »stolpere!« oder »erschrecke!«. Sinnvoll heißt eine Aufforderung dann, wenn sie im Sprachspiel zweier Personen zu einer Antwort aus dem sozial üblichen Repertoire führt (vgl. Kapitel 2, *Sprechhandlungstypen*).

Experimente mit instruierten Personen, die also aufgefordert sind, im Experiment etwas Bestimmtes zu tun, etwa bei einer bestimmten Zeigerstellung einer Laboruhr einen Knopf zu drücken, sind als Aufgeforderte per definitionem handelnde Personen. Ihre Handlungen können aber nicht die Bedingung der technischen Reproduzierbarkeit von Experimentalsituationen erfüllen. Denn dazu müßte der psychologische Versuchsleiter ja bereits wissen, daß das, was er an seiner Versuchsperson im Ablauf des »Experiments« beobachtet, kein bloßes Verhalten, sondern die Befolgung seiner Instruktion ist. Er müßte also gerade die Unterscheidung anwenden, deren Sinn er durch das Experiment leugnet, und müßte die Handlung der Versuchsperson als Befolgung der Aufforderung »deuten«.

Was sich in der Analyse psychologischer Experimente mit instruierten Versuchspersonen als reichlich kompliziert ausnimmt, läßt sich für das Alltagsverständnis einfacher formulieren: Die Versuchsperson muß *ehrlich*, muß *wahrhaftig* sein, um die Bedingung zu erfüllen, daß sie bei Wiederholungen des Experiments »immer gleich« handelt. Sie kann aber auch den Versuchsleiter täuschen wollen. Es ist nur eine Frage des Geschicks, ob der Versuchsperson diese Täuschung gelingt. Dann ist offensichtlich dem Versuchsleiter die technische Präparation der Startbedingungen des Experiments mißlungen.

Dies gilt um so mehr für Experimente, in deren Verlauf Versuchspersonen nicht nur instruiert werden, sondern Auskünfte geben müssen. Der Versuchsleiter muß die Ehrlichkeit der Auskünfte als gegeben unterstellen, oder er gewinnt keine Daten. Und geradezu fatal wird dieser Umstand in Experimenten, die vorgeben, gerade die Fähigkeit einer Person zu erforschen, solche Auskünfte zu geben. Denn dann wird entweder die durch das Experiment zu klärende Frage (»Können Versuchspersonen sagen, wann sie einen Entschluß gefaßt haben?«) für das Experiment schon als beantwortet unterstellt, oder ohne eine solche Unterstellung bleibt das Experiment wegen nicht entscheidbarer Reproduzierbarkeit ohne echtes Ergebnis. Ein solches Prozedere ist nur scheinbar ein Experiment; denn es liefert keine empirischen Daten.

Eine Warnung vor Mißverständnissen sei hinzugefügt: Da man bloßes Verhalten sehr wohl experimentell untersuchen kann, müssen die Fälle genauer bestimmt werden, in denen *ein Verhalten im oder am Handeln* vorkommt. Man denke etwa daran, Ursachen von Verkehrsunfällen experimentell untersuchen zu wollen. Dabei werden Personen instruiert, in voller Aufmerksamkeit einen bestimmten Weg zurückzulegen. Gleichzeitig werden die Umgebungsparameter, etwa Ablenkung, Temperatur oder Umgebungslärm, variiert, um deren Einfluß auf Fehlerhäufigkeit des Verkehrshandelns zu studieren. Hier bleibt die Versuchsperson handelndes Subjekt, zeigt aber in Fehlleistungen ein experimentell erforschbares bloßes Verhalten. Dies war in Kapitel 2 als der Widerfahrnischarakter des Handelns bezüglich Gelingen und Erfolg besprochen worden.

Diese Ergebnisse mögen genügen, um zu belegen, daß der metasprachliche Ausdruck »Experiment« in der Hirnforschungsdebatte eine differenzierte Verwendung verlangt, sofern diese Debatte wissenschaftlich sein soll. Parasprachliche Appelle und Glaubwürdigkeitserheischung durch bloße Nennung von Experimenten oder gar »experimentellen Beweisen« und Mehrheitsmeinungen von Experten haben damit wenig zu tun.

Leider findet sich die saloppe Redeweise über Experimente in praktisch allen Berichten, die gegenwärtig in Fachzeitschriften, Popularisierungsmedien und den Wissenschaftsteilen der guten

Tages- und Wochenzeitungen zu finden sind. Sie übergehen, daß die bildgebenden Verfahren zur Darstellung von Stoffwechselaktivitäten einzelner Hirnteile, abgesehen von ihrer räumlich und zeitlich begrenzten Auflösung, als Explanans und kausale Ursache für soziales, ökonomisches, religiöses oder sonstiges »Verhalten« im Sinne einer Handlungsweise immer von der wahrhaftigen Befolgung der Instruktionen abhängig sind.

Genau deshalb sind sogenannte Biofeedback-Experimente von ganz anderer Art: Sofern es die Absichten der handelnden Versuchsperson sind, allein durch Wollen etwa über Hirnstromableitungen den Cursor auf einem Computerbildschirm zu führen, treten die genannten Probleme nicht auf. Wie es dem Werfer eines Schneeballs widerfährt, ob er das beabsichtigte Ziel trifft oder nicht, so widerfährt es der Versuchsperson im Biofeedback-Experiment, ob sie den Cursor unter den gegebenen Experimentalbedingungen an die gewünschte Stelle führt oder nicht. Die Erfahrung »macht« also primär die Versuchsperson. In diesem Falle liegt es im Interesse der Versuchsperson selbst, »Ehrlichkeit« als Erfolgsbedingung einzusetzen. Der Versuchsleiter kann nur beobachten, ob seine Instruktion und Cursor-Lauf übereinstimmen oder nicht. Wenn sie es nicht tun, kann er dafür keine Ursache angeben. Wenn sie es aber tun, wird der Versuchsperson Ehrlichkeit unterstellt. Das kann seinerseits nicht überprüft werden. Das heißt, der eigentliche Versuchsleiter ist hier die Versuchsperson selbst; der Psychologe ist nur Helfer für die Bedienung der Apparaturen.

Im Resümee führt eine wissenschaftliche Metasprache zur Diskussion des Experiments mit instruierten Personen dazu, sinnvolle von sinnlosen Prozeduren zu unterscheiden. Immer bleiben aber die in das Experiment investierten Voraussetzungen durch das Experiment selbst unkontrollierbar, ja unwiderlegbar. Deshalb lassen sich auch die umstrittenen Experimente zum Beleg oder zur Widerlegung der Willensfreiheit hinreichend kritisieren mit der Frage, ob dabei nicht generell die für das Experiment *vorausgesetzten* Tätigkeiten der Versuchsperson *durch den Verlauf des Experiments kontrolliert* werden sollen. Wenn aber Prämisse und Konklusion identisch sind, liegt kein Experiment vor – was selbstverständlich nur dem einsichtig sein kann, der die Rolle der Sprache bei der Beschreibung des Experiments erkennt.

Ein Blick auf die tatsächliche Debatte um die Hirnforschung zeigt, daß dort ein weiterer Typ von Diskussionen geführt wird, in der es um Reduktionismus, Materialismus, nichtreduktiven Physikalismus oder um das Verhältnis von Natur- und Geisteswissenschaften und um vieles andere mehr geht. Dies aber ist kein metasprachlicher, sondern mindestens ein metametasprachlicher Disput. Prinzipiell gilt für ihn dasselbe wie für die objekt- und die metasprachlichen Mittel der Hirnforschung: Sie bedürfen der expliziten Bestimmung, damit der Streit nicht ein bloßer Streit um Worte bleibt. Davon ist allerdings die tatsächlich geführte Debatte noch weit entfernt.

Modell und System

Wo in der Hirnforschungsdebatte von Verschaltung oder von neuronalen Erregungsmustern die Rede ist, werden Modelle verhandelt. »Modell«, von lateinisch *modulus,* »verkleinerter Maßstab«, wurde oben bereits in »Modell von« und »Modell für« unterschieden. Ersteres sollte als partielle Abbildung der Struktur eines Gegenstandes, letzteres als partielle Abbildung seiner Funktion(en) verstanden sein. Beide müssen sich in der

Form »X ist Modell von/für Y bezüglich Kriterium K« beschreiben lassen. Mit dieser Erläuterung ist aber eine wichtige erkenntnistheoretische Unterscheidung noch offen. Sie betrifft die Frage, ob die Natur dem Modell oder das Modell der Natur eine Struktur bzw. eine Funktion vorgibt oder aufzwingt. Dies sei mit folgender anschaulicher Gegenüberstellung erläutert:

Bei der Münzprägung wird der Münze die Form des Prägestocks gegeben. Der Prägestock fungiert als Modell für die Münze bezüglich des Abbildkriteriums »passen«. »Passen« sei hier operational bestimmt durch das Herstellen von Abdrükken, wie man sie mit Knetmasse oder Gips von einem Objekt abnehmen kann.

Anders als die Prägetechnik arbeitet die Gußtechnik mit Modellen, etwa bei der Herstellung des Motorblocks für einen Automotor. Von einem exakten Holzmodell wird eine Gußform aus gepreßtem Sand hergestellt, deren Hohlraum nach Entnahme des Holzmodells mit Metall ausgegossen wird. Danach wird die Sandform zerstört. Hier ist das Holzmodell ein Modell des Motorblocks bezüglich des Kriteriums »gestaltgleich«.

Bei dieser Alternative soll es weniger darauf ankommen, daß die Kriterien »passend« und »gestaltgleich« verschiedene logische Eigenschaften haben; gestaltgleich ist transitiv, passend nur symmetrisch. (Wenn A gestaltgleich B und wenn B gestaltgleich C, dann ist auch A gestaltgleich C. Es gilt aber nicht: Wenn A auf B paßt und B auf C, dann paßt auch A auf C; hier gilt nur: Wenn A auf B paßt, dann auch B auf A; oder eine Vierer-Transitivität: A paßt auf B und B paßt auf C und C paßt auf D, dann paßt auch A auf D.) Es soll auch nicht darauf ankommen, daß man »gestaltgleich« mit Hilfe von »passend« explizit definieren kann.

Vielmehr dienen die beiden Beispiele, die »Prägemodell« und »Gußmodell« heißen sollen, zur Veranschaulichung zweier *verschiedener erkenntnistheoretischer Grundhaltungen*, nämlich zweier grundverschiedener Zugangsweisen zur Beschreibung eines Gegenstandes wie des menschlichen Gehirns. Im Prägemodell wird unterstellt, der natürlich gegebene Gegenstand, bildlich der Prägestock, bestimme die Form des Erkenntnisprodukts. Im Gußmodell hingegen wird der Natur, analog zur Sandform, ein (Holz-)Modell als Form vorgegeben.

Den vorherrschenden Selbstverständnissen der Naturwissenschaften steht das Prägemodell näher als das Gußmodell, weil man leicht die sprachlichen und technischen Mittel verkennt, die in der Naturbeschreibung und Naturerklärung vorgegeben werden. Wieder in simpler Anschaulichkeit: Naturgegenstände wie ein kahler Baum im Sturmwind haben keine, sondern gewinnen erst »Eigenschaften« wie Höhe, Länge der Äste, Holzvolumen, Freiheitsgrade der Ausschläge usw. durch Vorgabe räumlicher, zeitlicher, stofflicher, dynamischer und anderer Art. Wie ein schönes Bild aus der Tradition der Methodischen Philosophie sagt, ist die Natur für den Naturforscher primär unstrukturiert wie homogenes Gelee, das durch Forschung auszuschöpfen, zu »exhaurieren« sei. Erst die Form des Löffels und die Art seiner Führung bestimmt, welche Portionen entnommen werden und welche Strukturen zurückbleiben.

Selbst die »Modelle von etwas«, wie sie uns in den farbigen Bildern von Gehirnschnitten etwa durch die funktionelle Magnetresonanztomographie gegeben werden, sind nicht naiv den Prägemodellen zuzurechnen. Es bedarf unter anderem primär der in der Apparateführung relativ zur Versuchsperson liegenden geometrischen Strukturierung, um gedachte Schnittebenen definierter Lage etwa zur Körperachse zu erzeugen, von der Umsetzung von Signalen zu Bildern durch den Computer ganz zu schweigen. Das heißt, schon die Modelle *von etwas* sind nicht zwangsläufig Prägemodelle, sondern meistens Gußmodelle, deren Vorgaben durch Anwendung technischer Verfahren zu bedenken bleiben.

Diese Analyse soll der naheliegenden Routine entgegenwirken, in der Hirnforscher gern Bezug auf neuroanatomische und neurophysiologische Befunde nehmen. Nichts davon ist natürlich. Und was davon empirisch ist, hängt von den eingesetzten Techniken ab. Dies gilt also, als Nachtrag zu den objektsprachlichen Mitteln, nicht nur für die an Prämissen reiche Rede von »Verschaltungen« im Gehirn, sondern auch von »Erregungsmustern«, ihrer Synchronisation, Resonanzphänomenen in Cortex-Arealen und anderen funktionalen Modellen.

Emergenz

Eine weitere metasprachliche Präzisierung ist zur Rede von »System« nachzutragen, um das oft beschworene Phänomen der »Emergenz« begrifflich einzuholen. Die Rede von System, Struktur und Funktion (vgl. Kapitel 3) ist methodisch primär an das poietische, das heißt das handwerkliche Herstellen gebunden. Paradebeispiel ist die Uhrmacherkunst. In ihr zeigt sich exemplarisch die methodische Reihenfolge, wonach der Uhrmacher *methodisch zuerst* wissen muß, wozu man eine Uhr braucht, das heißt wie die Uhr funktionieren soll. Sie soll z. B. eine gleichmäßige Zeigerbewegung als Simulation der Erddrehung zur Angabe der Tageszeit ausführen. *Dann* konstruiert er zur Realisierung des Zwecks »konstante Zeigerdrehung« z. B. eine Pendeluhr, bei der der freie Fall des Gewichts über Hemmung und Pendel zu einer Bewegung konstanter Geschwindigkeit abgebremst und dadurch gegenüber dem Reibungswiderstand der Zahnräder und des Pendels aufrechterhalten wird. Die Funktion geht also der Struktur *methodisch voraus*. Das heißt, in Konstruktion und Bau bildet die »höhere« Leistung des Gesamtsystems, seine Funktion, den Zweck der Handlungen des Uhrmachers, und die Struktur aus Teilen mit ihren Teilfunktionen wird im zweiten Schritt als ein zweckmäßiges Mittel gewählt.

Betrachtet man diese methodische Reihenfolge bei technischen Geräten, so sind es nur die Nachträglichkeit und die gespielte Naivität einer falsch gestellten Frage, wie es sein kann, daß aus den einfachen Funktionen von Zahnrädern und Hebeln die höhere Systemleistung »Zeitmessung« emergiert. In Wahrheit *emergiert* sie nicht, sondern sie wurde als Ziel methodisch primär *gesetzt*. Emergenz bei Artefakten ist nur dann ein erstaunliches Phänomen, wenn man das Zustandekommen des Systems ignoriert.

Zu besonderer Kunstform wurde dieses Ignorieren in systemtheoretischen Beschreibungen entwickelt. So heißt es in einem Lehrbuch der Systemtheorie: »Einzelne systemtheoretische Problemaspekte (z. B. [...] Struktur – Funktion – System [...]) sind so stark ineinander verwoben und von einander abhängig, daß sie im Grunde simultan dargestellt werden müßten. Das ist mit den Mitteln der geschriebenen Sprache nicht möglich.«[15]

Und in der Tat ist phantastisch, was hochkomplexe technische Systeme wie Computer, Mobiltelefone mit allen heute verfügbaren Zusatzfunktionen, Navigationsgeräte usw. leisten. Aber immer noch gilt, daß deren Schaltbilder ebenso wie deren handwerkliche Herstellung als Prototyp oder ihre großindustrielle Fertigung Schritt für Schritt und sozusagen »von unten her« erfolgen. Für »gegebene« Systeme aber, seien sie natürlich wie ein Ökosystem oder kultürlich wie ein soziales System, müssen Modelle entwickelt werden – wieder Schritt für Schritt, und sie müssen nach dem Prinzip der methodischen Ordnung beschrieben werden, also nicht »simultan«, sondern nach und nach und in geordneten Schritten. In der Zweckrationalität menschlichen Handelns, denen sich solche Produkte verdanken, löst sich das Geheimnis der »Emergenz«.

Die subtilen Unterscheidungen verschiedener Emergenztypen, die man in konkurrierenden Emergenztheorien finden kann, lassen sich ebenfalls sehr einfach an technischen Beispielen erläutern. Der simpelste Fall ist eine definitorische Emergenz. Zwei ineinandergreifende Zahnräder bilden ein »Getriebe«. »Getriebe sein« ist gegenüber der »Eigenschaft Zahnrad sein« definitorisch emergent. Kein Zahnrad ist für sich allein ein Getriebe, aber ab wenigstens zwei bilden sie eines. Erst das Zusammenwirken mindestens zweier von ihnen führt zu etwas »prinzipiell Neuem«.

Der zweite Emergenztyp ist die kausale Verursachung von etwas Neuem. Ein Getriebe aus zwei Zahnrädern leistet (1) die Umkehrung einer Drehrichtung und (2) eine kontinuierliche Übersetzung oder Untersetzung in (2a) kinematischer oder (2b) dynamischer Hinsicht: Entsprechend dem Verhältnis der Durchmesser der Zahnräder erhöht/erniedrigt sich die Drehgeschwindigkeit und erniedrigt/erhöht sich der Kraftaufwand. Getriebe dienen bekanntlich der kontinuierlichen Anwendung des Hebelgesetzes, wonach »Kraft mal Kraftarm« gleich »Last mal Lastarm« ist. Die Geometrie des Getriebes impliziert *logisch* das Geschwindigkeitsverhältnis der beiden Zahnräder und *kausal* die Über- oder Untersetzung gemäß dem Satz der

Energieerhaltung. Auch hier tritt auf dem Weg von unten nach oben keine geheimnisvolle Emergenz auf.

Allerdings ist hier die Anwendung des Kausalgesetzes (»gleiche Ursache, gleiche Wirkung«) in der methodisch geordneten Erzeugung von Systemen höherer (»emergenter«) Eigenschaften von der Zweckrationalität des Konstruierens und Bauens unterschieden: Ein und dasselbe Ziel kann mit verschiedenen Mitteln erreicht werden, und ein und dasselbe Mittel kann verschiedenen Zielen dienen. Die Situation ist damit offener als in den regelmäßig etwas zu einfach aufgefaßten »kausal determinierten« Systemen. Deshalb ist hier sprachkritisch zu fragen, wer hier was »determiniert«.

»Determinieren« ist selbst ein metasprachliches Wort, und zwar für eine Handlung, genauer für das strategische Vorgehen eines Konstrukteurs und seine sprachlichen Mittel. Wenn ein System »kausal determiniert« ist, dann weil sich der Konstrukteur und Erbauer eines künstlichen Systems zur Wahl entsprechender (determinierender) Mittel wie eines Zahnradgetriebes entschlossen hat. Die »kausale Determiniertheit« eines *natürlichen* Systems wie des Gehirns ist ein semantisch sinnvoller Ausdruck *nur bei empirischer Adäquatheit eines determinierten Simulationsmodells.* Kurz, Hirne (oder Organismen) können nicht »von Natur aus determiniert« (oder »nicht determiniert«) sein, weil diese sprachlichen Ausdrücke bei Naturgegenständen methodisch und semantisch sinnlos sind.

Nun zurück zu einer weiteren Form der Emergenz, wie sie für die angeblichen »kognitiven« Leistungen des Gehirns wichtig wird. Schon ein simples zweirädriges Getriebe läßt sich auch als Rechenmaschine »anwenden«, nämlich zur Multiplikation mit einem konstanten Faktor bzw. zur Division durch einen konstanten Divisor. Beträgt das Umfangsverhältnis der Zahnräder z. B. 1 : 5, kann eine Zählung der Umdrehungen der Räder relativ zur Verbindungsgeraden ihrer Achsen Multiplikationen mit oder Divisionen durch 5 leisten. Hier lautet die verblüffende Frage nach Emergenz: Wie kann es sein, daß eine solche primitive Rechenmaschine *richtige*, also *gültige* Ergebnisse liefert? Oder noch naiver: Woher weiß das Getriebe, daß 3 × 5 gleich 15 ist und nicht 17 oder 20? Ist diese »kognitive« Leistung nicht »emergent« zur Geometrie des Getriebes? Denn in der Tat enthält die geometrische Beschreibung des Getriebes kein Wort wie »wahr« oder »richtig« oder »Ergebnis« oder »Rechnen«. Für die Beschreibung dieser »kognitiven« Leistung reichen also weder definitorische noch kausale, weder analytische noch empirische Erklärungen aus. Denn das zu Erklärende, das Explanandum, besteht ja nicht etwa aus dem Rechenergebnis 15, sondern aus dem metasprachlichen Satz »(3 × 5 = 15) ist richtig«, weil ja die Rechenmaschine nicht beliebige, sondern richtige Ergebnisse liefern soll. (Auf die wahrheitstheoretisch korrekte Bezeichnung wahr, richtig, gültig usw. soll es hier nicht ankommen.)

Es gibt sogar einen überzeugenden Grund, warum die Beschreibung des materiellen Systems (als Analogon zum Gehirn) aus zwei Zahnrädern gerade nicht die »geistige« Leistung des korrekten Rechenergebnisses *verursachen* kann. Denn logisch gilt für Aussagen A und B nach der Kontrapositionsregel »Aus (wenn A, dann B) folgt (wenn nicht B, dann nicht A)«. Das heißt, wären richtige Ergebnisse eine kausale Wirkung etwa nach dem Hebelgesetz, würden im Umkehrschluß aus der Produktion *falscher* Rechenergebnisse die geometrischen und kausalen Beschreibungen des materiellen Systems falsch werden. Also wäre etwa das Hebelgesetz empirisch widerlegt. Dieser Konsequenz stimmt allerdings niemand zu, und zwar zu Recht.

Anschaulich gesprochen, wenn eine Maschine als Exemplar eines nach Kausalgesetzen funktionierenden materiellen Systems »irrt«, also falsche Ergebnisse liefert, widerlegt sie nicht die in ihr wirkenden »Naturgesetze«, sondern sie ist defekt, ist gestört, das heißt, sie verfehlt ihren Zweck. Eine solche Störung kann ihrerseits wieder kausal erklärt werden. Diese Erklärung wird als erfolgreich angesehen, wenn sie erlaubt, die Störung zu beheben. Allgemein läßt sich sagen: Der Unterschied von Erkenntnis und Irrtum kann in kausal determinierten Systemen überhaupt nicht vorkommen. Dagegen kann es durchaus sein, daß ein Defekt am System dazu führt, daß der menschlich gesetzte Zweck des Systems verfehlt wird, ein wahres Ergebnis zu liefern.

Hirnforscher können daraus lernen: Weil wir mit denselben organismischen Ausstattungen irren, mit denen wir auch erkennen, kann Erkennen *keine Kausalwirkung* des neuronalen Apparats sein. Er ist nicht »kausal determiniert«, das heißt, die Beschreibung als kausal determiniert ist falsch. Vielmehr müssen wir, wie bei der Rechenmaschine auf der Grundlage physikalischen Kausalwissens, zu Modellen im Zweck-Mittel-Schema greifen: Dort ist nämlich der Irrtum als Verfehlen des Zwecks innerhalb der konstruktiv genutzten Kausalität definierbar und modellierbar.

Das in der Hirnforschungsdebatte so beliebte Wort, daß mentale und andere höhere Leistungen des Menschen auf neuronalen Verschaltungen und Prozessen *»beruhen«*, kann deshalb aus seiner Schlichtinterpretation der eineindeutigen Kausalurteile herausgeführt und auf die Modellierung im Mittel-Zweck-Schema bezogen werden: Selbstverständlich »gibt es« keine mentalen Zustände oder Vorgänge *ohne* neuronale Begleitvorgänge. Aber das »Beruhungsverhältnis« ist nicht anders als oben in der Ölbildmetapher erläutert: Es geht um (zweckabhängig sinnvolle oder sinnlose) *Verhältnisse von Beschreibungen*, von Aspekten.

Erkenntnis und Irrtum

Worin liegt also der Fehler, den Hirnforscher auf dem Umweg über die Evolutionäre Erkenntnistheorie in ihr Programm übernommen haben? Wieder ist es vor allem die Sprachvergessenheit der Naturwissenschaften:

Alle hier gegebenen Beispiele sind, ebenso wie die von Hirnforschern in ihren Publikationen und Debattenbeiträgen vorgetragenen, zwangsläufig in Sprache formuliert. Das heißt, hier ist sorgfältig zu unterscheiden zwischen den sprachlichen Beschreibungen und den beschriebenen Gegenständen. Wer kognitive Leistungen des Gehirns neurophysiologisch erklären will, sollte das Modell der simplen, aus zwei Zahnrädern bestehenden Rechenmaschine für die Kognitionsleistung »richtiges Rechenergebnis« nicht aus dem Auge verlieren. Es kann keine Rede von »Kognitionsleistungen« ohne ihre Beschreibung und Charakterisierung als »kognitiv« geben. Ohne irgendeine Wahr-falsch-Unterscheidung, mit welchen Worten auch immer, kann keine von einer Maschine oder einem Organismus erbrachte »kognitive« Leistung, etwa im Unterschied zu kognitiv irrelevanten Stoffwechselprozessen in der Batterie des Rechners oder in der Leber des Lebewesens, Gegenstand einer Debatte werden.

Wer diese Denkhürde erst einmal übersprungen hat, Gegenstände von ihren Beschreibungen zu unterscheiden, wird sich auch nicht weiter auf die Alternative von logischen und empirisch-kausalen Verhältnissen beschränken. Denn Beschreibungen, im Unterschied zu Naturvorgängen, können eben auch in einem rationalen Zweck-Mittel-Verhältnis stehen, wie die Beispiele der Rechenmaschine und der Uhrmacherkunst lehren.

Für die Hirnforschung heißt dies, daß ungeachtet aller neurophysiologischen Kenntnisse immer erst das Explanandum als sprachlich gefaßtes, zu erklärendes Phänomen hinreichend als Zweck bestimmt sein muß, um dafür ein Modell so zu suchen, daß es auf das System der neurophysiologischen Aussagen paßt.

Diese einfachen Beispiele können, wenn richtig verstanden, die Lösung des Körper-Geist-Problems der Hirnforschung auf eine undramatische, naturwissenschaftskonforme Weise leisten. Die parasprachlichen Gefechte zwischen materialistischen und mentalistischen, erklärenden und verstehenden, natur- und geisteswissenschaftlichen Zwei-Welten-Theorien sind Scheingefechte, die nur mangelnder objekt- und metasprachlicher Disziplin geschuldet sind.

Zusammenfassend läßt sich jetzt sehen, daß logische, kausale und zweckrationale Verhältnisse immer solche zwischen Beschreibungen sind. »Erklären« genauso wie eine nichtterminologische Verwendung von »verstehen« und »begreifen« im Zusammenhang von Beschreibungen eines materiellen Systems (Uhr, Rechenmaschine, Hirn) und ihrer kognitiven Leistungen (Zeitmessung, rechnen, wahrnehmen, erkennen) sind immer metasprachliche Verhältnisaussagen über objektsprachliche Gegenstände.

Aber erst wo neben den logischen und den kausalen Verhältnissen auch die zweckrationalen ins Spiel kommen, hat auch der Irrtum neben der Erkenntnis einen systematischen Ort. Kausale Verhältnisse dagegen können nur so sein, wie sie eben sind. Hier eröffnet sich ein entsprechender Spielraum nicht.

Oder plakativ gesagt: Die Hirnforschungsdebatte verpaßt eine Lösung des Körper-Geist-Problems, weil sie dem Dogma verfallen ist, in den exakten Wissenschaften könne es nur logische und kausale Verhältnisse geben. Wird dagegen das Treiben der Hirnforschung durch vernünftiges Handeln von Menschen mit berücksichtigt, also der Mensch nicht nur als Objekt, sondern als Subjekt der Hirnforschung mit einbezogen, kann auch die Zweckrationalität ihren Platz in einer Debatte einnehmen, die sich nur gegenüber der eigenen tatsächlichen Praxis täuscht. Denn wo immer im seriösen Sinn Naturwissenschaft im Labor betrieben wird, geht es ohnehin zweckrational zu. Die Hirnforschungsdebatte ist ein ideologisches Überbauphänomen, das nur die eigene zugrunde liegende Praxis mißversteht.

6 Fazit: Kein neues Menschenbild

Nichts kann in der Hirnforschung Sinn haben, es sei denn, es wird sprachlich geäußert. Alle Wissenschaft ist Menschenwerk und dabei zwangsläufig sprachlich verfaßt.

Der Blick auf die Sprache der Hirnforschungsdebatte hat ergeben, daß Sehen, Hören, Fühlen usw., aber auch Handeln, Herstellen, Sagen usw. als Vollzüge und als Beschreibungen sprachlich bereits in der Lebenswelt beherrscht sein müssen, damit die Physiologie solcher Leistungen Gegenstand und Methode hat. Sollen sie als menschliche Leistungen naturwissenschaftlich erforscht werden, ist deshalb von Anfang an ein Begriff von »menschlich« zu wählen, der sich nicht auf die Perspektive der evolutionsbiologischen Taxonomie beschränkt, sondern die spezifisch menschlichen Aspekte einschließt, wie wir sie in unserer Kultur dem Menschen zuschreiben.

Die Lebenswelt mit ihrer Alltagssprache und mit ihrer sozialen Praxis ist durch die Wissenschaft unhintergehbar. Die Alltagssprache hat methodischen Primat vor den Wissenschaftssprachen ebenso, wie es die charakteristisch menschlichen Qualitäten sind, die fachwissenschaftlichen Aspekten des Menschen methodisch vorausgehen. Andernfalls könnten die Wissenschaften vom Menschen, um so mehr die Naturwissenschaften vom Menschen, mit ihrem Einsatz technischer Labormittel weder Zugang zu ihren Gegenständen noch eine Verwissenschaftlichung ihrer Methoden erreichen.

Die Naturwissenschaften vom Menschen können weder in ihren sprachlich-theoretischen noch in ihren technisch-experimentellen Mitteln adäquat beschrieben werden, wenn nicht beide Seiten der Bestimmung »vom Menschen« berücksichtigt werden, nämlich eine Wissenschaft *vom Menschen als Objekt* zu sein und *vom Menschen als Subjekt* betrieben zu werden. Der naiv oder absichtlich eingenommene Standpunkt eines archimedischen, außerweltlichen Beobachters des Menschen in den Naturwissenschaften, seien es Evolutionsbiologie, Genetik oder Neurowissenschaften, führt zur Verantwortungslosigkeit in einem wörtlichen Sinn. Es können nämlich aus dieser Perspektive keine Antworten mehr gegeben werden auf Fragen, was der Forscher selbst bei seiner Forschung tut und spricht.

Die Wissenschaftlichkeit der Naturwissenschaft besteht nicht in einem »Nirgendwo«, von dem her der Naturwissenschaftler eine Entanthropomorphisierung, eine Menschenunabhängigkeit seines Wissens gewinnen könnte. Tatsächlich muß Wissenschaft von Menschen so getrieben werden, daß die von ihren Autoren beanspruchte Geltung als Subjekt- und Situationsunabhängigkeit durch Regeln und Normen und durch die Disziplin ihrer Befolgung im Sprechen und Handeln erreicht werden.

Ein »Menschenbild« durch Wissenschaften, gar durch die Hirnforschung zu erzeugen, abzulösen oder zu erneuern verfehlt leicht und schon im ersten Schritt, die doppeldeutige Rede von »Menschenbild« aufzulösen. Denn »Bild« kann »Abbild« oder »Vorbild« sein, kann also eine Beschreibung mit Wahrheitsanspruch oder eine Vorschreibung mit Rechtfertigungsanspruch bedeuten. Wer dagegen, in der Unschuld dieser Formulierung, einfach sagen will, wie der Mensch ist, oder daß er im Lichte der Physiologie des Gehirns anders sei als bisher gemeint, hat wohl die Bedingungen nicht bedacht, unter denen eine solche Frage überhaupt eine Antwort erhalten kann. Erst wo Kriterien benannt sind, nach denen eine Antwort als solche gelten kann, ergeben die Fragen nach dem Menschenbild einen

Sinn – in dem Sinne, wie hier »Sinn« immer verwendet wurde, nämlich in sprachlicher Bedeutung und Geltung.

Die aktuelle Hirnforschung kann zwar eine große Fülle neuen empirischen Wissens für sich reklamieren, wofür bildgebende Verfahren einerseits, neue Mittel der Modellierung andererseits die wichtigsten Gründe liefern. Aber ein »neues Menschenbild« über ältere Modelle der Organismusmaschine hinaus hat die Hirnforschung nicht geleistet. Philosophisch ist sie beim »l'homme machine« (La Mettrie 1748) stehengeblieben.

Objektsprachlich muß jede Form von Hirnforschung schon ihre Rede von »Mensch« und seinen Leistungen des Wahrnehmens, Erlebens und Handelns ihren Untersuchungen vorgeben. Sie ist deshalb darauf angewiesen, ihre sprachlichen Mittel aus einer kritischen Rekonstruktion der historisch gewachsenen Alltagssprache zu entnehmen und so, etwa durch Operationalisierung, zu bestimmen, daß ein Explanandum, ein zu Erklärendes hinreichend genau bestimmt ist.

Metasprachlich muß zur Einlösung des Anspruchs, daß die vorgetragenen Ergebnisse wissenschaftlich sind, das Methodeninstrumentarium explizit geklärt werden. Dazu gehören die nichtsprachlichen Verfahren von Beobachtung, Messung und Experiment mit den Besonderheiten der Experimente an instruierten Personen ebenso wie die Verfahren der Begriffs- und Theoriebildung für den sprachlichen Bereich. Hirnforschung kommt nicht ohne normatives Fundament aus.

Parasprachlich sind Ziele und Zwecke sowie die Suche nach neuen Mitteln zu verhandeln. Ein Selbstverständnis der Hirnforschung, die ihre Programmatik nicht nachträglich aus ihrer Forschungspraxis abnimmt, um dieser dadurch eine Legitimation nachzureichen, wird sich parasprachlich einer Programmdiskussion stellen. Dort gilt es, Programme rational, das heißt ihrerseits wissenschaftlich nachvollziehbar, zu formulieren und eine Rechtfertigungsdiskussion zu führen.

Auf diesem Wege könnte sich ein »neues Menschenbild« in einem ganz anderen, bisher nicht diskutierten Sinne ergeben: das Bild vom Menschen, der Naturwissenschaft treibt und sich dabei seiner Verantwortung bewußt ist. Verantwortung beginnt nicht erst dort, wo Menschen (oder Tiere) bestimmten Experimenten unterworfen werden und die Frage zu beantworten ist, ob dies nicht mit der Autonomie, der Würde oder der Leidensfähigkeit der Untersuchungsobjekte in Konflikt gerät. Verantwortung beginnt auch nicht erst dort, wo Hirnforschung als Grundlagenforschung der Medizin betrieben wird. Verantwortung beginnt bereits dort, wo Forschung in nichtsprachlichen und sprachlichen Handlungen im Labor betrieben und wo sie außerhalb der Labors in ihren Programmen erörtert wird. Denn jeder dieser Beiträge ist menschliches Handeln, für das sein Autor von anderen Menschen verantwortlich gemacht, das heißt nach Verdienst und Verschulden mit der Zurechnung seiner Handlungen konfrontiert wird.

Ein neues Menschenbild könnte sich also in der Form ergeben, daß gerade die Grenzfragen der Hirnforschung auf eine Selbstbesinnung der Naturwissenschaften hinsichtlich ihrer Kernkompetenzen führen. Die soziale und kognitive Kompetenz, die jeder Mensch mitbringen muß, damit er sich überhaupt auf den Weg begeben kann, ein Naturwissenschaftler zu werden und zu sein, muß den Unterschied zwischen dem Natürlichen als nicht Verantwortungspflichtigen und dem Kultürlichen als Verantwortungspflichtigen kennen. Wer sich weigert, sich auf diesen kultürlich bestens etablierten Grundunterschied einzulassen, hat sich bereits zu sich selbst in Widerspruch begeben:

Hält nämlich der Naturforscher diese Weigerung selbst nur für ein kausal bestimmtes Naturgeschehen, empfiehlt seine eigene Theorie nur ein Abwarten, ob sich diese Formen der Äußerung in einem Kausalgeschehen evolutionär durchsetzen oder aussterben. Wahr oder falsch, gut oder schlecht kann diese Weigerung als Naturgeschehen nicht sein. Wenn der Naturforscher dagegen mit Anspruch auf Verständnis und Anerkennung durch andere Menschen spricht, hat er sich bereits in den Bereich des Handelns, der Kultur und der Verantwortung begeben. Die Hirnforschung könnte also mehr als Physik, Chemie und allgemeine Biologie, kulturhistorisch gesehen, eine Hebammenrolle gewinnen, den Blick auf den Menschen als Naturgegenstand auf denjenigen Bereich zu beschränken, in dem die naturwissenschaftlichen Methoden sinnvoll angewandt werden, und könnte so den Blick freigeben auf den Menschen als Kulturwesen, das unter anderem Wissenschaft und Philosophie betreiben kann.

Anmerkungen

1 Vgl. Peter Janich, *Logisch-pragmatische Propädeutik*, Weilerswist 2001.

2 Vgl. Achim Stephan, *Emergenz. Von der Unvorhersagbarkeit zur Selbstorganisation*, Dresden 1999.

3 Zu Problemen und zur Geschichte des Organismusbegriffs in der Biologie vgl. Peter Janich, Michael Weingarten, *Wissenschaftstheorie der Biologie*, München 1999, S. 119 f.

4 Einen guten Eindruck davon geben etwa die Bücher *Das Gehirn – Organ der Seele? Zur Ideengeschichte der Neurobiologie*, hg. v. Ernst Florey und Olaf Breidbach, Berlin 1993, und Michael Hagner, *Der Geist bei der Arbeit. Historische Untersuchungen zur Hirnforschung*, Göttingen 2006.

5 *Gehirn und Nervensystem: Woraus sie bestehen; wie sie funktionieren; was sie leisten*, Heidelberg ^{9}1988, und *Gehirn und Bewußtsein. Mit einer Einführung von Wolf Singer*, Heidelberg, Berlin und Oxford 1994. Als günstig hat sich dabei erwiesen, einen *Taschenatlas der Anatomie* (Werner Kahle, München 1986) zu Rate zu ziehen, weil sich dort unter anderem ein Sachverzeichnis zum Nachschlagen und manche hilfreiche Erläuterung finden.

6 Zur Begründung vgl. Peter Janich, *Was ist Information?*, Frankfurt/Main 2006.

7 Werner Kahle, *Nervensystem und Sinnesorgane*, Stuttgart 1986, S. 14.

8 Vergleiche dazu etwa Peter Janich, Michael Weingarten, *Wissenschaftstheorie der Biologie*, München 1999.

9 Gerhard Vollmer, *Evolutionäre Erkenntnistheorie*, Stuttgart 1975, S. 102.

10 Vgl. *Nature* 346, July 26 (1990), S. 304.

11 In: A. Becker u. a. (Hg.), *Gene, Meme und Gehirne. Geist und Gesellschaft als Natur*, Frankfurt/Main 2003, S. 306-325.

12 Ebenda, S. 317.

13 Ebenda, S. 312.

14 Ebenda, S. 324.

15 Helmut Willke, *Systemtheorie*, Stuttgart und New York ^{3}1991, S. 8.

Literaturverzeichnis

Becker, Alexander, u. a. (Hg.), *Gene, Meme und Gehirne. Geist und Gesellschaft als Natur. Eine Debatte*, Frankfurt/Main 2003.

Bennett, Maxwell. R., und Peter Michael Stephan Hacker, *Philosophical foundations of neuroscience*, Malden/Massachusetts, Oxford und Carlton/Australia 2003.

Bieri, Peter (Hg.), *Analytische Philosophie des Geistes*, Königstein/Taunus 1981; Weinheim [4]2007.

Dennett, Daniel C., »Zum Schutz der wissenschaftlichen Untersuchung des Bewußtseins vor ideologischen Debatten«, in: Alexander Becker u. a. (Hg.), *Gene, Meme und Gehirne* (siehe oben), S. 306-325.

Duncker, Hans-Rainer (Hg.), *Beiträge zu einer aktuellen Anthropologie. Zum 100jährigen Jubiläum der Gründung der Wissenschaftlichen Gesellschaft im Jahre 1906 in Straßburg*, Stuttgart 2006.

Florey, Ernst, und Olaf Breidbach (Hg.), *Das Gehirn – Organ der Seele? Zur Ideengeschichte der Neurobiologie*, Berlin 1993.

Gehirn und Bewußtsein. Mit einer Einführung von Wolf Singer, Heidelberg, Berlin und Oxford 1994.

Gehirn und Nervensystem: Woraus sie bestehen; wie sie funktionieren; was sie leisten, Heidelberg [9]1988.

Geyer, Christian (Hg.), *Hirnforschung und Willensfreiheit. Zur Deutung der neuesten Experimente*, Frankfurt/Main 2004.

Michael Hagner, *Der Geist bei der Arbeit. Historische Untersuchungen zur Hirnforschung*, Göttingen 2006.

Hartmann, Dirk, »Willensfreiheit und die Autonomie der Kulturwissenschaften«, in: *Handlung, Kultur, Interpretation* 9 (2000), H. 1, S. 66-103.

Janich, Peter, »Evolution der Erkenntnis oder Erkenntnis der Evolution?«, in: Wilhelm Lütterfelds (Hg.), *Transzendentale oder evolutionäre Erkenntnistheorie?*, Darmstadt 1987, S. 210-226.

Janich, Peter, »Naturgeschichte als Kulturleistung«, in: Emil Heinz Graul u. a. (Hg.), *Das Gehirn und seine Erkrankungen*, Iserlohn 1987, S. I/B 1-11.

Janich, Peter, »Naturwissenschaft kulturalistisch verstehen – ein Angebot an die Psychologie?«, in: Gerd Jüttemann (Hg.), *Individuelle und soziale Regeln des Handelns. Beiträge zur Weiterentwicklung geisteswissenschaftlicher Ansätze in der Psychologie*, Heidelberg 1991, S. 177-184.

Janich, Peter, »Über den Einfluß falscher Physikverständnisse auf die Entwicklung der Neurobiologie«, in: Ernst Florey, Olaf Breidbach (Hg.), *Das Gehirn – Organ der Seele? Zur Ideengeschichte der Neurobiologie*, Berlin 1993, S. 309-326.

Janich, Peter, »Hirnforschung als philosophisches Problem«, in: *Annals of anatomy* 176 (1994), S. 497-503; auch in: Ders., *Konstruktivismus und Naturerkenntnis* (siehe unten), S. 259-274.

Janich, Peter, »Das Experiment in der Psychologie«, in: Hans-Peter Langfeldt (Hg.), *Sein, Sollen und Handeln. Beiträge zur pädagogischen Psychologie und ihren Grundlagen. Festschrift für Lothar Tent*, Göttingen u. a. 1995, S. 41-51; auch in: Ders., *Konstruktivismus und Naturerkenntnis* (siehe unten), S. 275-289.

Janich, Peter, *Konstruktivismus und Naturerkenntnis. Auf dem Weg zum Kulturalismus*, Frankfurt/Main 1996.

Janich, Peter, *Logisch-pragmatische Propädeutik. Ein Grundkurs im philosophischen Reflektieren*, Weilerswist 2001.

Janich, Peter, *Kultur und Methode. Philosophie in einer wissenschaftlich geprägten Welt*, Frankfurt/Main 2006.

Janich, Peter, *Was ist Information?*, Frankfurt/Main 2006.

Janich, Peter, »Natur und Kultur. Philosophische Argumente für ihre Differenzierung und Polarisierung«, in: Jörn Ahrens, Mirjam Biermann, Georg Toepfer (Hg.), *Die Diffusion des Humanen*, Frankfurt/Main 2007, S. 77-90.

Janich, Peter (Hg.), *Naturalismus und Menschenbild*, Hamburg 2008.

Janich, Peter, Michael Weingarten, *Wissenschaftstheorie der Biologie*, München 1999.

Kahle, Werner, *Nervensystem und Sinnesorgane*, Stuttgart 1986. (Band 3 von: W. Kahle, H. Leonhardt, W. Platzer, *Taschenatlas der Anatomie*).

Kornhuber, Hans Helmut, und Lüder Deecke, *Wille und Gehirn*, Bielefeld und Locarno 2007.

Lycan, William G. (Hg.), *Mind and cognition. A reader*, Oxford 1990.

McGinn, Colin, *Wie kommt der Geist in die Materie? Das Rätsel des Bewusstseins*, München und Zürich 2003.

Metzinger, Thomas (Hg.), *Bewußtsein. Beiträge aus der Gegenwartsphilosophie*, Paderborn [5]2005.
Nitsch, R., *Zur Stellung der Neurowissenschaften in der ›Leib-Seele-Diskussion‹*, Diss. 2008.
Pauen, Michael, *Grundprobleme der Philosophie des Geistes. Eine Einführung*, Frankfurt/Main 2001.
Pauen, Michael, und Gerhard Roth, *Neurowissenschaften und Philosophie. Eine Einführung*, München 2001.
Pauen, Michael, und Gerhard Roth, *Freiheit, Schuld und Verantwortung. Grundzüge einer naturalistischen Theorie der Willensfreiheit*, Frankfurt/Main 2008.
Searle, John R., *Geist, Hirn und Wissenschaft* [die 1984 Reith Lectures], Frankfurt/Main 1986.
Searle, John R., *Freiheit und Neurobiologie*, Frankfurt/Main 2004.
Singer, Wolf, *Der Beobachter im Gehirn. Essays zur Hirnforschung*, Frankfurt/Main 2002.
Singer, Wolf, *Ein neues Menschenbild? Gespräche über Hirnforschung*, Frankfurt/Main 2003.
Sturma, Dieter, *Philosophie des Geistes*, Leipzig 2005.
Sturma, Dieter (Hg.), *Philosophie und Neurowissenschaften*, Frankfurt/Main 2005.
Roth, Gerhard, *Fühlen, Denken, Handeln. Wie das Gehirn unser Verhalten steuert*, Frankfurt/Main 2001.
Roth, Gerhard, *Aus der Sicht des Gehirns*, Frankfurt/Main 2003.
Stephan, Achim, *Emergenz. Von der Unvorhersagbarkeit zur Selbstorganisation*, Dresden 1999.
Tomasello, Michael, *Die kulturelle Entwicklung des menschlichen Denkens. Zur Evolution der Kognition*, Frankfurt/Main 2002.
Vollmer, Gerhard, *Evolutionäre Erkenntnistheorie*, Stuttgart 1975.
Willke, Helmut, *Systemtheorie*, Stuttgart und New York [3]1991.

Personenindex

Sachindex